信息安全国家重点实验室信息隐藏领域丛书

语音频隐写与隐写分析

易小伟　赵险峰　编著

科学出版社

北　京

内容简介

隐写作为信息隐藏的重要研究领域之一,是一种保障隐蔽通信与存储及其行为安全的关键技术。随着人工智能和多媒体编码技术的发展,大数据环境下丰富的音频和语音数据为隐写技术的研究及应用提供了新的发展空间。本书系统地总结了近年来基于语音和音频编码的隐写与隐写分析的研究成果,特别是增加了一些有关自适应隐写、深度学习在隐写分析中的应用等最新研究内容。为了方便读者更清晰地掌握相关方法的原理,本书按照隐写的嵌入域进行章节编排,主要包括音频的编码参数域和熵编码域,语音编码的固定码本域、基音延迟域和线性预测系数域,与语音频编码松耦合的其他域,并且将针对性的隐写分析方法放到对应的隐写方法章节进行介绍。此外,本书的附录提供了配套的实验练习,进一步有助于读者在实践中巩固对所学内容的理解与掌握。

本书可作为网络空间安全专业的研究生或高年级本科生的教学参考书,以及从事信息安全,特别是信息隐藏技术研究和开发的科研人员的技术参考资料。

图书在版编目(CIP)数据

语音频隐写与隐写分析/易小伟, 赵险峰编著. —北京:科学出版社, 2022.2
(信息安全国家重点实验室信息隐藏领域丛书)
中国科学院大学网络空间安全学院教材
ISBN 978-7-03-067728-0

Ⅰ. ①语… Ⅱ. ①易… ②赵… Ⅲ. ①电子计算机–密码术–高等学校–教材
Ⅳ. ①TP309.7

中国版本图书馆 CIP 数据核字(2022)第 015543 号

责任编辑:阚 瑞 / 责任校对:胡小洁
责任印制:吴兆东 / 封面设计:迷底书装

科学出版社出版
北京东黄城根北街 16 号
邮政编码:100717
http://www.sciencep.com

北京中石油彩色印刷有限责任公司 印刷
科学出版社发行 各地新华书店经销
*
2022 年 2 月第 一 版 开本:720 × 1000 1/16
2023 年 3 月第二次印刷 印张:11 1/4
字数:226 000
定价:99.00 元
(如有印装质量问题, 我社负责调换)

前　言

隐写术 (steganography) 是一种利用图像和音视频等载体作为隐蔽信道，传输或存储秘密消息的安全保密通信技术。相比于密码技术提供信息内容的机密性保护，隐写技术并不是密码技术的简单补充，而是两者处于一个平行空间。隐写技术能够提供通信行为的隐蔽性保护，具备更高层级的安全要求，可作为特定应用场景下的密码替代技术。例如，隐蔽通信与存储、保密通信、恶意代码伪装、隐私保护等。类似于密码分析，隐写分析 (steganalysis) 的作用是识别嵌有隐写信息的载体，甚至是提取隐写载体中的隐藏信息，达到破坏系统隐蔽性的目的。

随着人工智能和多媒体编码技术的成熟，现代隐写技术也从 20 世纪 90 年代起迅速发展，先后出现了以图像、音频、视频和文本等主流网络传输、存储和编码格式为隐写载体的信息隐写方法及其隐写分析方法。隐写与隐写分析研究历经四代更迭，已逐渐形成了较完备的理论与技术体系。音频和语音 (简称"语音频") 与人们的日常生活息息相关，它作为一种重要的隐写载体，受到研究人员的广泛关注。语音频隐写需要解决在编码复杂约束下实现与提高隐写隐蔽性等性质的问题，语音频隐写分析需要解决在高动态内容中分析特征的学习问题，均具有很大的挑战性，相关技术有必要得到专门与系统的阐述。本书系统地总结了近年来基于语音编码和音频编码的隐写及隐写分析的研究成果，特别是增加了一些有关自适应隐写、深度学习在隐写分析中的应用等最新研究内容。

为了方便读者更清晰地掌握相关方法的原理，本书按照隐写的嵌入域进行章节编排，主要包括音频的编码参数域和熵编码域，语音编码的固定码本域、基音延迟域和线性预测系数域，与语音频编码松耦合的其他域，并且将针对性的隐写分析方法放到对应的隐写方法章节进行介绍。全书的组织结构如下：第 1 章概述了语音频隐写对抗模型，以及一些相关术语的定义；第 2 章介绍了 MP3、AAC和 ACELP 的编解码原理等预备知识；以 MP3 和 AAC 音频编码为代表，第 3章和第 4 章分别系统阐述了编码参数域和熵编码域的隐写方法及其分析方法；以ACELP 语音编码为代表，第 5 章 ~ 第 7 章分别系统阐述了固定码本域、基音延迟域和线性预测系数域的隐写方法及其分析方法；第 8 章介绍了与语音频编码松耦合的其他域隐写方法及其分析方法。此外，本书的附录还提供了配套的实验练习，有助于读者在实践中进一步巩固对所学内容的理解与掌握。

本书是"信息安全国家重点实验室信息隐藏领域丛书"的第 3 部，之前出版的《隐写学原理与技术》《视频隐写与隐写分析》已经基于图像和视频载体阐述了隐写与隐写技术的基本思想与方法,这使得本书可以集中精力描述语音频隐写与隐写分析的专门技术。本书作者在长期从事语音频隐写研究与教学的基础上,对该领域的基础知识、经典算法和最新成果进行了较为系统的介绍、梳理和总结,其中,易小伟高级工程师主要负责各章节的具体撰写,赵险峰研究员主要负责本书的策划、结构设计、内容编排与修改补充。若作为教材使用,完整讲授本书并完成配套实验需要 40 学时。与本书配套的实验代码、模块与勘误表,读者可以在网站 www.media-security.net 查询与下载。

本书的写作与出版得到了各方面的帮助和支持。本书的出版受到了国家自然科学基金项目 (61902391、61972390、U1736214、61802393、61872356) 与国家重点研发计划课题 (2019QY0701) 的资助;本书的撰写得到了信息隐藏领域同行的热心帮助和指导,黄永峰教授、任延珍教授、田晖教授、严迪群教授、朱美能研究员审阅了书稿,提出了许多宝贵的意见和建议;作者所在研究团队的研究生杨云朝、张靖宏、龚宸、张振宇、杨坤、王运韬、谷业伟、刘子瑜、李金才等,在资料整理与配套实验代码编写等方面提供了重要支持。对于上述帮助和支持,作者在此表示衷心感谢!

作者希望本书能为隐写学的发展与教学尽一分力量。然而,语音频隐写与隐写分析涉及语音频编码与处理、信息安全、模式识别、最优化理论、信息论等多个领域,知识交叉融合并且更新快,限于作者的学识和时间,书中难免存在不足与疏漏之处,敬请读者指正。如发现问题或提供意见和建议,欢迎发送电子邮件至 ih_ucas@163.com。

作 者

中国科学院信息工程研究所,信息安全国家重点实验室

中国科学院大学网络空间安全学院

2021 年 5 月 19 日

目　　录

第 1 章　绪　言

　　隐写术 (steganography) 作为信息隐藏 (information hiding) 的重要分支已被广泛应用于隐蔽通信相关领域，尤其是大数据时代的到来，保护用户数据和行为的隐私性愈发重要。随着多媒体编码技术和通信技术的发展，现代隐写技术也从 20 世纪 90 年代起迅速发展，先后出现了以图像、音频、视频和文本等主流网络传输、存储和编码格式为隐写载体 (cover) 的信息隐写方法及相应的隐写分析 (steganalysis) 方法，它们构成了当前隐写与隐写分析技术的理论与方法体系。本书主要针对语音 (speech) 和音频 (audio) 编码格式 (简称"语音频")，介绍其隐写技术与隐写分析技术。为了方便后面描述相关方法的原理，把握语音频隐写与隐写分析的发展脉络，本章主要介绍相关技术的发展与趋势、一般化的对抗模型，以及相关术语和评价指标的定义等。

1.1　语音频隐写技术的发展

　　经过二十多年的研究与发展，多媒体隐写方法与技术的基础理论已日趋完备，主要包括可嵌域与基本嵌入方法、最优嵌入理论、隐写编码和自适应隐写等。尤其是在图像隐写研究上，已经形成一个较科学和系统的理论体系[1,2]。同时地，隐写分析方法也形成了一系列系统性成果[3]。例如，专用隐写分析、通用隐写分析、基于深度学习的隐写分析、定量隐写分析，以及隐写软件分析与隐藏信息提取等。这些方法的基本思想和原理同样适用于语音频载体。但是，语音频编码与图像编码有很大差异，以及听觉模型与视觉模型的本质不同，这同样导致它们的隐写与隐写分析方法不尽相同。通常地，相比于图像和视频格式载体，基于语音频格式载体的隐写技术具有如下特点。

　　(1) 可感知性灵敏。依据人耳听觉系统 (human auditory system，HAS) 和人眼视觉系统 (human visual system，HVS) 的原理，在同等差异强度条件下，人耳的听觉敏感性比人眼的视觉敏感性更强。因此，在感知透明性方面，针对语音频载体的隐写修改比图像的更复杂和困难。此外，由于听觉感知模型与视觉感知模型存在本质的差异，现有的图像隐写方法不能直接应用于语音频隐写。

　　(2) 载体可伸缩性强。在实际的隐蔽通信系统中，为了传递有效的消息载荷，由于单幅图像的隐藏容量有限，通常需要使用很多张图像才能完整传递消息，这将增加不同会话处理的开销，而视频体积通常较大，需要占用更大的网络带宽。语音频载体能够有效解决隐藏容量和载体体积之间的矛盾，实现两者的均衡，具有更高的传输效率。并且语音频编码器的计算开销较低，能够很好适配智能移动终端的处理能力及实时性要求，比如智能手机和平板电脑等。

(3) 隐蔽性高和隐藏空间大。由于语音频压缩码流的码率较低，特别是低码率的语音流，量化噪声能够较好地掩蔽隐写信号噪声，提高隐写载体的隐蔽性。不同于图像载体，语音频载体是一种流式数据，典型实例有语音电话、直播视频流伴音、FM(frequency modulation) 电台等，因此从载体大小的角度而言，语音频载体的隐藏容量是可以无限大的，从而可以适当降低负载率来保证隐写算法的安全性。同时针对流式数据的隐写分析是一个需要很大计算能力的复杂难题。

从信号处理的角度来看，隐写思想的本质是将载密的噪声信号叠加到载体信号上，并使得处理后的载体信号仍保持感知透明性和统计不可检测性。利用数字语音频载体的信号特点，语音频隐写研究大致历经了 4 个发展阶段 (图 1.1)。

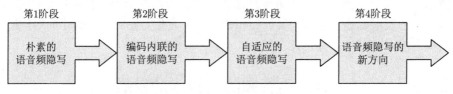

图 1.1   语音频隐写的发展

(1) 朴素的语音频隐写阶段。该阶段主要是解决隐写语音频的听觉不可感知和隐藏容量等问题，形成的主要方法包括时域的低有效位隐写、回声隐藏、相位编码隐藏、扩频隐写，以及变换域隐写。这些方法的基本原理大部分都源于数字水印方法，所以隐藏容量较低，并且抗统计分析能力较弱。此外，还有一些方法是利用语音频文件格式、协议包字段和包时序实现信息隐藏。

(2) 编码内联的语音频隐写阶段。为节省网络传输和存储的带宽，语音频数据一般会被压缩，因此隐藏信息在语音频压缩后仍需要能被正确提取。该阶段主要是解决基于编码内联的语音频隐写方法中可行嵌入域和基本嵌入方式等问题，形成的主要方法包括修改量化步长、码表索引、窗口类型、线性预测系数码本矢量、固定码本索引、自适应码本索引等编码参数的隐写算法，以及修改码流的熵码字、符号位和溢出位等编码系数的隐写算法。

(3) 自适应的语音频隐写阶段。该阶段主要是解决自适应隐写框架、失真函数构造和隐写码等最优嵌入问题，以提高隐写方法的抗隐写分析能力。形成的主要方法包括兼容音频编码标准的双层自适应隐写框架，以及适用于语音频各个可嵌入域的失真函数构造方法。目前，这些方法都与图像的最小化失真 (distortion minimizing, DM) 框架是一致的。隐写码的应用与图像类似，包括矩阵编码 (matrix embedding)、湿纸码 (wet paper code) 和 STC 码 (syndrome-trellis codes) 等。

(4) 语音频隐写的新阶段。随着移动互联网的发展，语音频隐写面临着新的机遇与挑战，催生了一些新的研究方向。例如，适配有损信道的鲁棒隐写技术、针对网络语音频流的低时延快速隐写技术、基于人工智能的隐写技术，以及隐写协议设计和容错的隐写存储技术等。这些新技术将促进完善隐写技术的体系结构。

从上面可以发现，语音频隐写技术的发展是伴随着应用需求、新兴技术和隐写分析技术等有关因素的发展而逐渐发展与完善的。隐写技术与隐写分析技术是一对对立统一的矛盾体，两者相辅相成是既相互促进又相互制约的。

1.2 语音频隐写与分析模型

与图像类似，语音频的隐写与隐写分析对抗模型也是基于著名的"囚犯问题"[4]。如图 1.2 所示，对抗模型包括 3 个实体和 2 个系统，分别是隐写者、接收方和隐写分析者，以及隐写系统和隐写分析系统。隐写者和接收方利用隐写系统来传递信息，隐写分析者利用隐写分析系统来发现或者检测隐写通信的存在性。

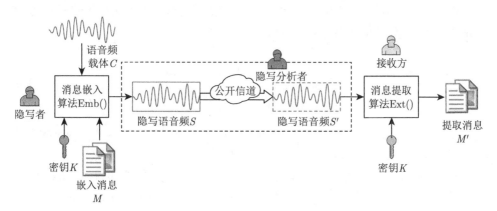

图 1.2　隐写与隐写分析对抗模型

下面分别描述 2 个系统的一般化模型。

1.2.1 隐写系统模型

一个隐写系统 $\mathcal{S}_o$ 是由隐写者的消息嵌入算法和接收方的消息提取算法两部分组成，即

$$\mathcal{S}_o = (\mathcal{E}, \mathcal{D}) \tag{1.1}$$

其中，$\mathcal{E}$ 和 $\mathcal{D}$ 分别表示嵌入算法集合和提取算法集合。并且对任意 $\mathrm{Emb}_K \in \mathcal{E}$，都存在 $\mathrm{Ext}_K \in \mathcal{D}$，使得 $\mathrm{Ext}_K = \mathrm{Emb}_K^{-1}$，其中 K 是隐写密钥①。

---

① 隐写密钥 K 比密码学中密钥的概念更宽泛，可以是隐写算法的参数等。

消息嵌入算法 Emb 实现将消息 M 嵌入到语音频载体 C，并生成新的语音频载体 S(即隐写语音频)，它可以采用函数形式定义，即

$$\text{Emb}(C, K, M) = S \tag{1.2}$$

对应的消息提取算法 Ext 则实现从隐写语音频 S 中恢复出隐藏消息，即

$$\text{Ext}(S, K) = M \tag{1.3}$$

值得注意的是，假定 S 经过公开信道[①]传递后变为 S'，当公开信道是无损信道时，即 $S' = S$，则提取结果同式 (1.3)；当公开信道是有损信道时，即 $S' \neq S$，则消息提取结果为

$$\text{Ext}(S', K) = M' \tag{1.4}$$

当且仅当 $M' = M$ 时，隐写系统 S_o 是有效的，也即 Ext_K 算法是信道鲁棒的。

1.2.2　隐写分析系统模型

理想的隐写分析系统 S_a 是利用统计分布特征能够正确地区分隐写样本 S 和正常样本 C 的分类检测器 (classifier)，即

$$S_\text{a}(X) = \begin{cases} 0, & X \text{为正常样本} \\ 1, & X \text{为隐写样本} \end{cases} \tag{1.5}$$

但是在实际应用的盲检测条件[②]下，分析者要设计一个好的检测器是很困难的[③]，当前隐写分析系统的主要作用还是评测隐写算法的安全性。此时，我们可以合理假设分析者能够获知隐写算法，即满足密码学中的柯克霍夫原则 (Kerckhoffs's principle)。因此分析者可以制作任意多的样本[④]用于分析和训练，所采用的隐写分析模型是基于机器学习 (machine learning) 的分类检测方法。

图 1.3 描绘了基于机器学习的隐写分析一般模型。如图所示，隐写分析模型主要包括训练 (training) 阶段和测试 (testing) 阶段，首先在训练阶段通过构造训练集获得最优的检测分类器，然后在测试阶段利用优化后的检测分类器对测试集样本进行检测，完成对待测样本的标定。依据柯克霍夫原则，隐写系统可以提前构造足够的正常样本 (cover) 数据集和隐写样本 (stego) 数据集，并通过调整

[①] 通常公开信道会对语音频进行一些信号处理操作，比如重压缩、滤波和降噪等。

[②] 是指隐写分析者不知道隐写者所采用的隐写算法和隐写密钥，也不能够获得隐写样本的原始载体。

[③] 隐写者可以通过减少嵌入信息量、更换隐写算法和隐写密钥等来增加检测难度。通常一个检测器的泛化能力是有限的，不可能对所有的隐写算法都有效。

[④] 等效于密码分析中的选择明文攻击。

训练集以获得利于不同条件下的最优检测器。此外，隐写分析特征 (steganalysis feature) 也是决定检测器性能的最关键因素。通常可以设计多个隐写分析特征和分类器，并利用融合决策来提高隐写分析系统的检测正确率。然而，随着深度学习 (deep learning) 技术的发展，基于深度学习的隐写分析技术是当前的一个研究热点。它解决传统手工式隐写分析特征设计的难题，将其转化为对深度学习中网络结构的设计问题，有效地促进了新一代隐写分析技术的发展。

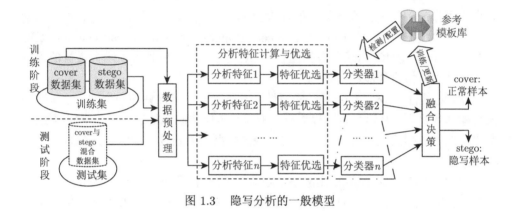

图 1.3 隐写分析的一般模型

1.3 评 价 指 标

第 1.2 节定义了隐写系统和隐写分析系统的一般模型，本节将进一步描述系统的基本性质和一些主要的评价指标。

(1) 不可感知性 (imperceptibility)。不可感知性也称感知透明性 (perceptual transparency)，是指隐写后的载体在感知上与原始载体不存在差异，即嵌入失真 (embedding distortion) 是不可感知的。语音频不可感知性的客观度量指标有 ITU-T P.862 语音质量感观评价 (perceptual evaluation of speech quality，PESQ) 和 ITU-R BS.1387-1 音频质量感观评价 (perceptual evaluation of audio quality，PEAQ) 等。PESQ 算法和 PEAQ 算法对参考信号和测试信号进行对比分析得出语音频质量的客观差异等级 (objective difference grade，ODG)，ODG 值越大则嵌入失真越小、不可感知性越好。

(2) 安全性 (security)。安全性即统计不可检测性 (statistical undetectability)，是指隐写算法能够抵抗隐写分析攻击。安全性的度量指标一般使用混淆矩阵 (confusion matrix)[5] 来定义，这里使用检测正确率 P_{ACC} 或错误率 P_e，即

$$P_{\text{ACC}} = 1 - P_e$$
$$= 1 - \frac{P_{\text{FA}} + P_{\text{MD}}}{2} \tag{1.6}$$
$$= 1 - \frac{\text{FPR} + \text{FNR}}{2}$$

其中，P_{FA} 和 P_{MD} 分别指虚警率即假阳性率 (false positive rate，FPR) 和漏警率即假阴性率 (false negative rate，FNR)。一般可以取 $P_e = \min_{P_{\text{FA}}} \frac{1}{2}(P_{\text{FA}} + P_{\text{MD}})$。它们也可作为隐写分析系统的性能评价指标。进一步地，可以以 $(P_{\text{FA}}, 1 - P_{\text{MD}})$ 为坐标点绘制接收者操作特征曲线 (receiver operating characteristic curve，ROC 曲线)，并计算 ROC 曲线下方的面积 AUC 值。AUC 值越大表示分类器的检测正确率越高，检测性能越好。

(3) 隐蔽性 (covertness)。 隐蔽性通常泛指不可感知性和安全性，它是隐写系统的基本要求。从这里也可以看出，隐写系统比密码系统的安全需求层级更高，密码是保护数据的机密性，而隐写需要保护数据的隐蔽性，即保护通信行为不被检测。

(4) 隐藏容量 (embedding capacity)。 隐藏容量即负载 (payload)，指隐藏消息的长度，通常采用相对负载率 (relative payload ratio，RPR) 来度量。由于受不同嵌入域和嵌入方式的影响，为了使用一致的表达方式，这里使用直观的数据大小比来定义，即

$$\text{RPR} = \frac{|M|}{|S|} \times 100\% \tag{1.7}$$

其中，$|M|$ 和 $|S|$ 分别是隐藏消息的大小和隐写语音频的大小。

(5) 嵌入效率 (embedding efficiency)。 嵌入效率指每单位期望的嵌入失真条件下，隐藏的期望比特数。由于嵌入失真计算形式较复杂，也可以指平均每次嵌入修改可隐藏的消息比特数，即

$$e = \frac{\text{消息的总比特数}}{\text{嵌入修改的平均次数}} \quad (\text{比特/次}) \tag{1.8}$$

它通常是由隐写算法的基本嵌入编码和隐写码等要素决定。

(6) 检测粒度 (steganalysis granularity)。 检测粒度是一个隐写分析系统的性能指标。由于语音频文件是一种流式数据，时间可以很长，因此检测器需要按音频片段进行检测，音频片段的长度即为隐写分析器的检测粒度。如何选择合适的检测粒度，以及分段后如何综合判定也是一个值得讨论的问题。若检测粒度过小，统计特征不显著；若检测粒度过大，对检测器的计算性能要求更高，并且可能会引入更多噪声特征。这些都会直接地影响隐写分析检测器的性能。

特别地, 如果图 1.2 中的公开传输信道是有损的, 比如微信、YouTube 和微博等, 那么还需要考察隐写系统或算法对信道操作的鲁棒能力, 即鲁棒性 (robustness)。它是指隐写载体在经过信号处理操作后仍能正确提取隐藏信息, 典型的信号处理操作包括二次压缩和码率转码等。隐写算法的鲁棒性可以使用消息的比特误码率 (bit error ratio, BER) 来度量, 计算式为

$$\mathrm{BER} = \frac{M' 与 M 不同比特个数}{M 的总比特数} \tag{1.9}$$

其中, M' 和 M 分别是提取消息和嵌入消息。当 BER 值等于 0 时即零误码率, 则表示隐写算法对操作是完全鲁棒的。随着社交网络的流行及其大数据环境和弱通联性等特点, 它能够很好地弥补点对点通信的行为隐蔽性较弱等问题, 因此鲁棒隐写方法研究逐渐成了当前的一个研究热点。鲁棒的图像隐写方法研究已经取得了一些成果[6-10], 但是适用于语音频的鲁棒隐写方法还处于起步阶段。

在实际应用中, 隐写系统还需要优化权衡负载率、安全性和鲁棒性三者间的关系 (图 1.4)。当增加隐写算法的嵌入负载率时, 算法的安全性和鲁棒性会同时降低; 从原理上分析, 隐写算法的鲁棒性和安全性也是相对立的, 若增强算法的鲁棒性, 即嵌入强度增强则将引入更大的量化噪声, 继而降低算法的安全性。

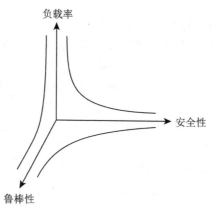

图 1.4 负载率、安全性和鲁棒性之间的相互关系示意图

1.4 本书内容安排

为了更清晰地组织各章内容和便于读者有选择性地学习, 首先对语音频隐写方法与隐写分析方法做一个分类。综合已有的隐写分类方式和音频隐写的特点, 我们可以依据隐写嵌入操作与音频编码、语音编码的依赖性将语音频隐写方法分成三大类 (图 1.5): 音频压缩编码类、语音压缩编码类和编码松耦合类。

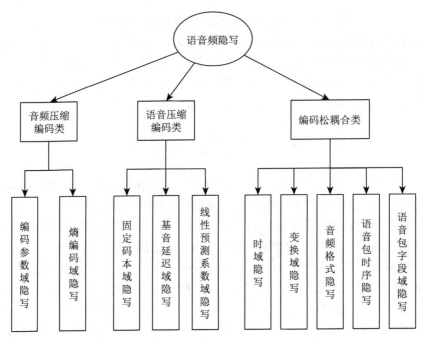

图 1.5   语音频隐写方法分类

各类隐写方法的具体章节安排是：①音频压缩编码类隐写是指隐写嵌入过程
与音频编码器紧密关联，按照嵌入域这类方法又可以分成编码参数域隐写 (第 3 章)
和熵编码域隐写 (第 4 章)；②语音压缩编码类隐写是指隐写嵌入过程与语音编码
器紧密关联，按照嵌入域这类方法又可以分成固定码本域隐写 (第 5 章)、基音
延迟域隐写 (第 6 章) 和线性预测系数域隐写 (第 7 章)；③编码松耦合类隐写
(第 8 章) 是指隐写嵌入过程与音频编码器是相互独立的或者关联作用很小，主要
包括时域隐写、变换域隐写、音频格式隐写、语音包时序隐写和语音包字段域隐
写等其他域隐写方法。因此，大致可通过隐写算法使用的嵌入域来判定它所属的
类型。若隐写方法的嵌入域是内置于音频编码器中，则该方法属于压缩编码类，否
则属于编码松耦合类。鉴于网络音频媒体绝大多数是压缩格式，基于压缩编码类
的音频隐写是当前的研究热点和发展趋势。

同样地，语音频隐写分析方法可以分成 2 类、3 个层次 (图 1.6)。两类是通
用隐写分析 (universal steganalysis) 和专用隐写分析 (specific steganalysis)，通用
分析能够同时分析多个嵌入域的隐写方法，专用分析是专门针对一个或一种隐写
的分析方法。3 个层次对隐写分析的要求逐渐增强，依次为：第 1 层次指分析方
法能正确判定隐写样本和正常样本，这是隐写分析最基本也是最关键的要求，具
体的分析方法主要包括通用和专用分析特征、通用的深度学习网络结构、隐写软

件特征等；第 2 层次指分析方法能够识别所采用的隐写算法或估计隐写负载量等，分析方法主要是定量隐写分析 (quantitative steganalysis)，也包括部分专用分析特征和隐写软件分析特征等分析方法；第 3 层次指分析方法能够提取出隐藏数据，实现对隐写算法的完全破解，因此隐写分析也称取证隐写分析 (forensic steganalysis)。目前，语音频隐写分析研究主要是集中在第 1 层次，更高层次尤其是第 3 层次的分析方法面临很大的挑战。但是，第 1 层次的分析方法就能破坏隐写系统的隐蔽性，形成有效的攻击。为了便于理解对抗过程，语音频隐写分析方法的原理将与对应的隐写方法进行同步介绍，分布于本书的第 3 章至第 8 章中。

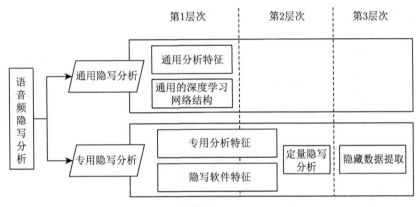

图 1.6　语音频隐写分析方法分类

此外，为了更好地理解隐写与隐写分析的原理，本书第 2 章将详细介绍语音频编码基础，包括 MP3 和 AAC 音频编码器、ACELP 语音编码器等。本书作为《隐写学原理与技术》的续编，主要针对语音频编码的隐写及隐写分析中的特色内容进行描述，而对通用的基本原理将不再赘述。

1.5　本章小结

本章介绍了语音频隐写的发展、隐写与隐写分析对抗模型、相关术语的定义、语音频隐写方法与隐写分析方法的分类及后面的章节安排。按照语音频隐写技术的研究进展，可以划分成 4 个重要阶段：朴素隐写阶段、编码内联隐写阶段、自适应隐写阶段和隐写新阶段。隐写与隐写分析对抗模型系统地描述了隐写系统和隐写分析系统的一般化数学模型，两者是对立统一、相辅相成的有机体。然后，介绍了不可感知性、安全性、隐蔽性、鲁棒性、隐藏容量、嵌入效率和检测粒度等相关术语及其度量方法。除了这些主要的评价指标外，还有隐写算法的计算复杂度、嵌入速率、嵌入时延，隐写分析算法的特征维度、参数规模、分析耗时等。最后，介绍了语音频隐写方法与隐写分析方法的分类，并依据分类方法来编排各章节的内容。

思　考　题

(1) 通过阅读相关文献，了解语音频研究的发展历程和趋势。

(2) 熟悉隐写与隐写分析对抗模型，并通过一个具体的算法来举例说明。

(3) 掌握相关术语的概念和度量方法，以及负载率、安全性和鲁棒性之间的关系。

(4) 了解语音频隐写与隐写分析的分类方法。

第 2 章　语音频编码基础

作为一种典型的多媒体信源编码，音频数据压缩的发展历史很漫长，从 20 世纪 70 年代初期至今已经陆续发布了很多编码算法和标准。按照音频内容和采样频率的不同，数字音频编码大致可分成两大类：一种是音乐类音频编码，即日常中所指的音频编码，此类压缩编码通常需要针对较高采样率的音频数据，采用感知音频编码器将原始音频数据压缩成高码率编码数据；另一种是语音类音频编码，它通常是针对低采样率的语音数据，采用合成分析编码器等来获得更低码率的压缩码流。本章首先介绍音频编码标准的发展历程和里程碑，然后重点详细介绍 MP3、AAC 和 ACELP 这三种编码器的压缩算法原理和流程，为后文讲述语音频压缩域的隐写算法设计提供必备的预备知识。

2.1　语音频编码标准概述

与音频编码有关的国际标准化组织主要包括国际电信联盟电信标准分局 (international telecommunication union telecommunication standardization sector，ITU-T)、ISO/IEC 动态图像专家组 (moving picture experts group，MPEG)、第三代合作伙伴计划 (3rd generation partnership project，3GPP) 和第三代合作伙伴计划 2(3GPP2) 等，国内的音频编码标准化组织是数字音视频编解码技术标准 (audio video coding standard，AVS) 工作组[11]。此外，还有一些音频编码技术的企业标准，比如杜比实验室 (Dolby laboratories Inc.) 的杜比数码环绕声 (AC-3) 和微软的 WMA(windows media audio) 等。图 2.1 是各标准组织发布语音频编码标准的发展历程示意图，下面简要介绍各标准组织的相关研究工作。

国际电信联盟 (ITU) 是世界各国政府的电信主管部门之间协调电信事务的一个国际组织，ITU-T 是其属下的电信标准部门，负责通信相关标准的制定。ITU-T 已颁布的音频编码标准有：G.711、G.722、G.728、G.726、G.723.1、G.729、G.722.1、G.729.1 等。目前 ITU-T 的第 16 研究组 (SG16) 负责语音频编码相关标准的制定，其中与语音频编码相关的有 Q9 和 Q10 课题。Q9 课题主要讨论 G.VBR 的标准化，Q10 课题的目标是维护和扩展现有的语音编码标准。

MPEG 是由 ISO 和 IEC 于 1988 年联合成立的，致力于运动图像和伴音编码的标准化工作。目前已经推出 MPEG-1、MPEG-2、MPEG-4、MPEG-7、

组织	1988	1990	1991	1992	1993	1995	1998	1999	2000	2001	2002	2003	2004
ITU-T	G.711 (PCM)	G.726 (ADPCM G.fix); G.727 (ADPCM G.emb)										G.722.2 (AMR-WB G.WB16k)	
ISO/IEC MPEG					MPEG-1 Audio (11172-3: 1993)		MPEG-2 Audio (13818-3: 1998)				MPEG-7 Audio (15938-4: 2002)		
3GPP						GSM-HR (ETSI EN 300 969)	GSM-EFR (ETSI EN 300 726); GSM-FR (ETSI EN 300 961); AMR (ETSI TS 126 071)			AMR-WB (ETSI TS 126 190)			HAAC+ (TS 26.401); AMR-WB+ (ETSI TS 126 290)
3GPP2								EVRC (C.S0014-0)					SMV (C.S0030-0 C.S0034-0); VMR-WB (C.S0052-0)
企业组织			Sony ATRAC	Dolby AC-3				Microsoft WMA	Xiph.Org Vorbis Ogg; Matthew Monkey's Audio	Xiph.Org FLAC	GIPS iLBC	Xiph.Org Speex	Apple ALAC

(a) 1988~2004年

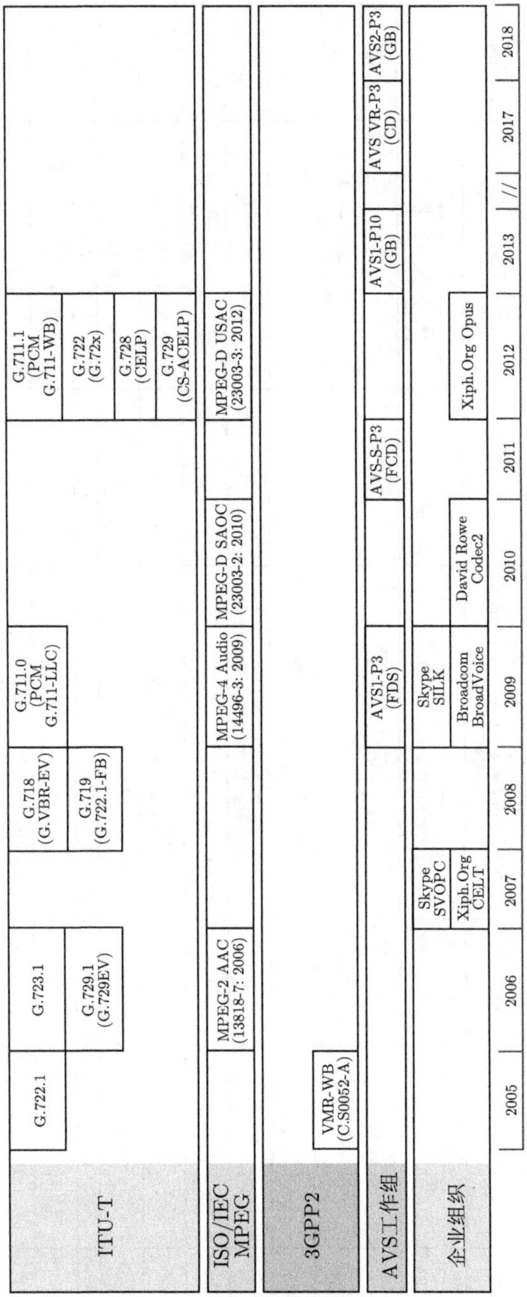

	2005	2006	2007	2008	2009	2010	2011	2012	2013	//	2017	2018
ITU-T	G.722.1	G.723.1		G.718 (G.VBR-EV)	G.711.0 (PCM G.711-LLC)			G.711.1 (PCM G.711-WB)				
		G.729.1 (G.729EV)		G.719 (G.722.1-FB)				G.722 (G.72x)				
								G.728 (CELP)				
								G.729 (CS-ACELP)				
ISO/IEC MPEG		MPEG-2 AAC (13818-7: 2006)			MPEG-4 Audio (14496-3: 2009)	MPEG-D SAOC (23003-2: 2010)		MPEG-D USAC (23003-3: 2012)				
3GPP2	VMR-WB (C.S0052-A)											
AVS工作组					AVS1-P3 (FDS)		AVS-S-P3 (FCD)		AVS1-P10 (GB)		AVS VR-P3 (CD)	AVS2-P3 (GB)
企业组织			Skype SVOPC		Skype SILK	David Rowe Codec2		Xiph.Org Opus				
			Xiph.Org CELT		Broadcom BroadVoice							

(b) 2005~2018年

图 2.1 语音频编码标准发展历程

发布时间	标准名称	标准组织	编码算法	采样率/kHz	码率/(kbit/s)	延时/ms
1988年	G.711	ITU-T	PCM(pulse code modulation)脉冲编码调制	8	64	0.125
1990年	G.726	ITU-T	ADPCM(adaptive differential pulse code modulation)自适应差分脉冲编码调制	8	16, 24, 32, 40	0.125
1990年	G.727	ITU-T	ADPCM	8	16, 24, 32, 40	0.125
1991年	ATRAC	Sony公司	MDCT(modified discrete cosine transform)改进的离散余弦变换, SBC(sub-band coding)子带编码	44.1	292	>100
1992年	Dolby AC-3	Dolby实验室	MDCT	32, 44.1, 48	32~640	40.6
1993年	MPEG-1 Audio (11172-3: 1993)	ISO/IEC MPEG	MP3: MDCT, SBC	32, 44.1, 48	32, 40, 48, 56, 64, 80, 96, 112, 128, 160, 192, 224, 256	>100
1995年	GSM-HR (ETSI EN 300 969)	3GPP	VSELP(vector sum excited linear prediction)矢量和激励的线性预测编码	8	5.6	25
1998年	MPEG-2 Audio (13818-3: 1998)	ISO/IEC MPEG	MP3: MDCT, SBC	16, 22.05, 24	8, 16, 24, 32, 40, 48, 56, 64, 80, 96, 112, 128, 144, 160	>100
1999年	GSM-EFR (ETSI TS 300 726)	3GPP	ACELP(algebraic code excited linear prediction)代数码本激励线性预测编码	8	12.2	20~30
1999年	GSM-FR (ETSI EN 300 961)	3GPP	RPE-LTP(regular pulse excitation-long term prediction)规则脉冲激励长期预测编码	8	13	20~30
1999年	AMR (ETSI TS 126 071)	3GPP	ACELP	8	4.75, 5.15, 5.90, 6.70, 7.40, 7.95, 10.20, 12.20	25
1999年	EVRC (C.S0014-0)	3GPP2	RCELP(relaxed code excited linear prediction)松弛码激励线性预测编码	8	8.55, 4.0, 0.8	20
1999年	WMA	Microsoft公司	MDCT	8, 11.025, 16, 22.05, 32, 44.1, 48	8~768	>100
2000年	Vorbis	Xiph.Org基金会	MDCT	8~192	45~500	>100
2001年	AMR-WB (ETSI TS 126 190)	3GPP	ACELP	16	6.60, 8.85, 12.65, 14.25, 15.85, 18.25, 19.85, 23.05, 23.85	25
2002年	iLBC (RFC 3951)	Google公司	Block Independent LPC(linear predictive coding)块独立线性预测编码	8	13.33, 15.20	25, 40
2003年	Speex (RFC 5574)	Xiph.Org基金会	CELP(code excited linear prediction)码激励线性预测编码	8, 16, 32, 48	2.15~24.6(NB), 4~44.2(WB)	30(NB) 34(WB)
2004年	HAAC+ (TS 26.401, HE-AAC v2)	3GPP	AAC LC(advanced audio coding low complexity)低复杂度规格AAC, SBR(spectral band replication)频段复制, PS(parametric stereo)参数立体声	22~96	16~80	/

(a) 1988~2004年

发布时间	标准名称	标准组织	编码算法	采样率/kHz	码率/(kbit/s)	延时/ms
2004年	AMR-WB+ (ETSI TS 126 290)	3GPP	ACELP	8, 11.025, 16, 22.05, 32, 44.1, 48	6~36, 7~48	60~90
2004年	SMV (C.S0030-0, C.S0034-0)	3GPP2	CELP	8	8.5, 4, 2, 0.8	30, 33
2004年	VMR-WB (C.S0052-0)	3GPP2	ACELP	16	8.55, 4.0, 0.8, 13.3, 6.2, 2.7, 1.0	33.75
2005年	G.722.1	ITU-T	MLT(modulated lapped transform)调制叠接变换	16	24, 32	40
2005年	VMR-WB (C.S0052-A)	3GPP2	ACELP	16	8.55, 4.0, 0.8, 13.3, 6.2, 2.7, 1.0	33.75
2006年	G.723.1	ITU-T	MP-MLQ(multi-pulse maximum likelihood quantization)多脉冲最大似然量化, ACELP	8	5.3, 6.3	37.5
2006年	G.729.1	ITU-T	CELP, TDBWE(time-domain bandwidth extension)时域带宽扩展, TDAC(time-domain aliasing cancellation)时域混叠消除	8, 16	8, 12~32	48.9375
2006年	MPEG-2 AAC (13818-7: 2006)	ISO/IEC MPEG	MDCT, SBC	8~192	8~529	20~405
2007年	CELT	Xiph.Org基金会	MDCT	32~48	24~128	3~9
2008年	G.718	ITU-T	CELP, MDCT	8, 168	8, 12, 12.65, 16, 24, 32	42.87~43.875
2008年	G.719 (G.722.1-FB)	ITU-T	Siren编码器, Ericsson技术	48	32~88, 88~128	40
2009年	G.711.0 (G.711-LLC)	ITU-T	PCM	8	0.2~65.6	5~40
2009年	MPEG-4 Audio (14496-3: 2009)	ISO/IEC MPEG	包含多种语音频编码技术, 比如HVXC、CELP和AAC等	/	/	/
2009年	SILK	Skype公司	LTP(long-term prediction)长时预测	8, 12, 16, 24	6~40	25
2009年	BroadVoice	Broadcom公司	TSNFC(two-stage noise feedback coding)两级噪声反馈编码	8, 16	16, 32	5
2010年	Codec2	David Rowe	正弦编码	8	0.7, 1.2, 1.3, 1.4, 1.6, 2.4, 3.2	20~40
2012年	G.711.1 (G711-WB)	ITU-T	MDCT, A-law, μ-law	8, 16	64, 80, 96	11.875
2012年	G.722	ITU-T	ADPCM	16	64	4
2012年	G.728	ITU-T	LD-CELP(low-delay CELP)低时延CELP	8	16	0.625
2012年	G.729	ITU-T	CS-ACELP(conjugate structure algebraic code excited linear prediction)共轭结构代数码激励线性预测编码	8	8	15
2012年	Opus	Xiph.Org基金会	LP(linear prediction)线性预测编码, MDCT	8~48	6~510	5~66.5

(b) 2004~2018年

图 2.2 语音频编码标准比较

MPEG-21、MPEG-A、MPEG-B、MPEG-C、MPEG-D、MPEG-E、MPEG-G、MPEG-V、MPEG-M、MPEG-U、MPEG-H 和 MPEG-DASH 等标准，其中 MPEG-1、MPEG-2 和 MPEG-4 均是包括了音视频编码相关的标准。

3GPP 是一个成立于 1998 年 12 月的合作伙伴组织，组织伙伴有日本 TTC 和 ARIB、欧洲 ETSI、韩国 TTA、中国 CCSA、美国 ATIS 和印度 TSDSI 等。它最初的工作范围是为第三代移动系统制定全球适用的技术规范和技术报告，目前已颁布的语音频标准包括：GSM HR/FR/EFR、AMR-NB、AMR-WB、AMR-WB+、EAAC+ 等。主要应用于无线通信和移动流媒体等。

3GPP2 于 1999 年 1 月成立，由美国 TIA、日本 ARIB 和 TTC、韩国 TTA 四个标准化组织发起，中国 CCSA 也是其组织伙伴。它主要负责第三代移动通信 CDMA2000 技术标准，已经标准化的语音频标准包括：QCELP8k、QCELP16k、EVRC、4GV-NB、4GV-WB、VMR-WB、SMV 等。主要应用于 CDMA 无线网络的通信和移动流媒体等。

AVS 工作组，即数字音视频编解码技术标准工作组，由国家信息产业部科学技术司于 2002 年 6 月批准成立，是一个制定数字音视频编解码技术标准的国内标准工作组。该组织当前已经或正在制定的语音频标准有：AVS1-P3、AVS1-P10、AVS-S-P3、AVS2-P3 和 AVS VR-P3 等。如图 2.1 (b) 所示，其中 GB 表示国家标准、FDS 表示标准报批稿、FCD 表示最终草案、CD 表示工作组草案。

图 2.2 综合比较了各种语音频编码标准所采用的编码算法、采样率、码率和延时等算法性能规格参数。从语音频编码的发展可以发现，采样带宽从窄带 (8 kHz) 到宽带 (16 kHz)，再到超宽带 (32 kHz)，最终发展到全频带 (48 kHz)，提高了编码的质量；编码码率从固定码率到多速率，最终发展到更精细的可变比特率，更灵活地利用传输带宽；使用各种降低延时和码率的技术，提高其对语音的编码效率。随着编码技术的发展，语音和音频编码标准的融合趋势也越来越明显。

2.2　MP3 编码器原理

MP3(MPEG-1/2 audio layer III) 是当今流行的一种有损的数字音频编码压缩格式，在 1991 年由位于德国埃尔朗根的研究组织弗劳恩霍夫协会 (Fraunhofer institute) 的一组工程师发明和标准化的，随后国际标准化组织公开发布了国际标准 ISO/IEC 11172-3:1993 和 ISO/IEC 13818-3:1998。MP3 具有接近 CD 的音质、高压缩比、开放性和易用性等优势，使其成为目前数字音频领域应用最为广泛的格式之一。LAME(LAME ain't an MP3 encoder)[12] 是当前公认的最好的 MP3 开源工程，并于 2017 年 10 月发布了最新版本 v3.100。在授权和专利方面，与 MP3 相关的专利已于 2017 年 4 月 16 日全数过期[13]。

MPEG-1 layer 3 可使用 14 种编码比特率 (32 ~ 320 kbit/s),支持 32/44.1/48 kHz 采样率,而 MPEG-2 layer 3 可使用的编码比特率范围是 8 ~ 160 kbit/s,支持 16/22.05/24 kHz 采样率。下面介绍 MP3 编码器的基本原理与编码流程,以及形成 MP3 码流的组织结构。

MP3 音频编码的流程分成数据流和控制流两部分 (图 2.3)。其中,数据流线主要包括三重循环和五个组件,三重循环分别为帧循环、外循环和内循环,五个组件是分帧、混合滤波器组、量化、哈夫曼编码和格式化比特流;控制流线主要是采用心理声学模型控制变换窗口类型的选择和比特数分配。各部分的主要功能说明如下。

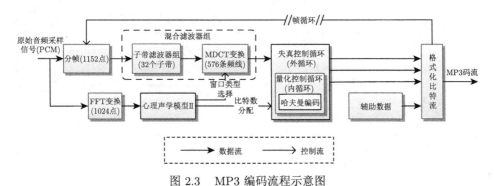

图 2.3 MP3 编码流程示意图

(1) **分帧 (framing)**。将原始音频采样数据 (pulse-code modulation,PCM 格式) 按照 1152 个采样点划分成固定长度的音频帧 (frame),每帧可进一步分成两个包含 576 个采样点数据的颗粒 (granule) 并做独立编码。

(2) **子带滤波器组 (subband filterbank)**。子带滤波器组属于混合滤波器组 (hybrid filterbank) 的一部分,采用多重相位滤波器产生 32 个子带 (等带宽)。

(3) **改进 DCT 变换 (MDCT 变换)**。MDCT 变换是混合滤波器组的另外一部分,为进一步提高频谱解析度,再将每一个子频带细分为 18 个次频带 (共 576 条频线)。

(4) **心理声学模型 (psychoacoustic model)**。心理声学模型是描述人耳听觉系统 (HAS) 中掩蔽效应的数学模型,MP3 编码器使用的是心理声学 II 号模型 (PAM-II 模型)[14]。它输出感知熵 (psychoacoustic entropy,PE) 和信掩比 (signal-to-mask ratio,SMR),PE 值大小决定 MDCT 变换时使用长窗框还是短窗框,SMR 值决定量化编码时的比特数分配。

(5) **量化 (quantization)**。量化位于内循环 (率控制循环) 中,在 SMR 控制下采用非均匀量化去除冗余信息,并通过利用外循环 (失真控制循环) 和内循环实现在最大可编码比特数下每个频带的掩噪比 (mask-to-noise ratio,MNR) 达到最大，以获得最佳音质。

(6) 哈夫曼编码 (Huffman coding)。在熵编码过程中，通过查找哈夫曼码本将量化后 MDCT 系数 (QMDCTs) 按照一定规则编码成哈夫曼码字流 (图 2.4)。MP3 编码标准使用了 34 张哈夫曼码表，其中大值区 (big value) 使用 #0 ~ #31 码表 (#4 和 #14 码表未使用) 进行编码，小值区 (count1) 使用 #A 和 #B 码表编码。

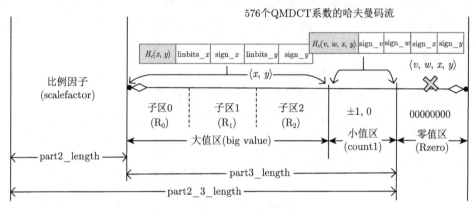

图 2.4   哈夫曼编码流结构

(7) 格式化比特流 (bitstream formatting)。格式化比特流按照 MP3 码流格式标准将哈夫曼码流和辅助信息打包成 MP3 帧 (图 2.5)，每个 MP3 帧包括帧头 (header)、CRC 校验字段、数据段 (audio_data) 和辅助数据 (ancillary_data)。各部分的比特长度见图中标注，其中数据段包含边信息 (side information) 和主数据 (main data)，side_info 的长度与音频声道个数有关，单声道 (mono) 时为 136 比特、立体声 (stereo) 时为 256 比特。main_data 数据段依次由颗粒 $0(G_0)$ 左声道和右声道的哈夫曼编码流、颗粒 $1(G_1)$ 左声道和右声道的哈夫曼编码流组成 (对于单声道音频则右声道编码数据为空)，其中每个声道的哈夫曼码流结构的组成如图 2.4 所示。

在熵编码过程，576 个量化系数 (QMDCTs) 可划分成 3 个区 (图 2.4)：大值区 (big value)、小值区 (count1) 和零值区 (Rzero)，大值区根据需要可进一步分成子区 $0(R_0)$、子区 $1(R_1)$ 和子区 $2(R_2)$。大值区各子区可以选择不同的哈夫曼编码表，小值区的值为 ±1 或 0，零值区的量化系数值都是 0 不做编码。大值区每 2 个系数编码成一个哈夫曼码字，比如 $\langle x,y \rangle$ 编码后的码流结构为 $H_c(x,y) \parallel \text{linbits\_}x \parallel \text{sign\_}x \parallel \text{linbits\_}y \parallel \text{sign\_}y$，其中哈夫曼码字 H_c 通过查找对应的哈夫曼码表获得，linbits 位 (系数溢出位) 当系数绝对值大于 15 时有效，sign 位 (系数符号位) 当系数值非零时有效；同样地，小值区每 4 个系数编码成一个哈夫曼码字，比

如 $\langle v, w, x, y \rangle$ 编码后的码流结构为 $H_c(v, w, x, y) \parallel sign\_v \parallel sign\_w \parallel sign\_x \parallel sign\_y$。哈夫曼码流的总长度 (part2_3_length) 由两部分组成：比例因子编码流长度 (part2_length) 和哈夫曼码流长度 (part3_length)，part2_3_length 参数在 side_info 字段中使用 12 比特来表示。

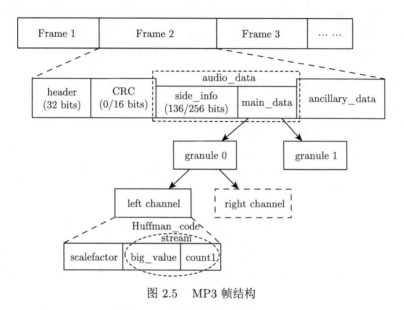

图 2.5　MP3 帧结构

2.3　AAC 编码器原理

高级音频编码 (advanced audio coding，AAC)[15] 最早出现于 1997 年，由 Fraunhofer IIS、Dolby 实验室、AT&T、Sony 和 Nokia 等公司共同开发，MPEG-2 AAC(ISO/IEC 13818-7) 主要目的是设计一种更加高效的压缩方案以替代 MP3 格式。2000 年，MPEG-4 标准在原本的基础上加上了感知噪声替代 (perceptual noise substitution，PNS) 等技术，并提供了多种扩展工具。为了区别于传统的 MPEG-2 AAC，改进后的 AAC 又称为 MPEG-4 AAC(ISO/IEC 14496-3)。在相同的比特率之下，AAC 相较于 MP3 通常可以达到更好的声音质量。它已被 YouTube 和 iPhone 等多款手机采用为默认的音频编码格式，并且被安卓和 iOS 等移动操作系统支持。AAC 编码的主要文件格式包括 .aac、.mp4 和 .m4a。

AAC 作为一种改进的编码方案，它相比于 MP3 的优点主要体现为：更多的采样率选择 (8 ~ 96 kHz)；更高的声道数上限 (最多支持 48 个主声道，16 个低频增强声道)；任意的比特率 (8 ~ 576 kbps①) 和可变的帧长度；更高效率及更单纯

---

① 书中会交替使用码率单位符号 kbps、kbit/s 和 kb/s，它们都表示千比特每秒。

的滤波器组 (AAC 使用纯粹的 MDCT，MP3 则使用较复杂的混合滤波器组)；对平稳的信号有更高的编码效率 (AAC 使用较长的 1024/960 点区块长度，MP3 则为 576 点)；对暂态变化的信号有更高的编码准确度 (AAC 使用较短的 128/120 点区块长度，MP3 则为 192 点)；可选择使用 Kaiser 窗函数，以较大的主瓣为代价，消除频谱泄漏效应；对 16 kHz 声音频率成分的处理更优；有额外的模块如噪声移频 (noise shaping)、反向预测 (backward prediction)、感知噪声替代 (PNS) 等，可结合这些模块建构出各种不同的编码规格 (表 2.1)。

表 2.1 MPEG-4 AAC 编码规格说明

规格名称	规格说明
Main	主规格，MPEG-2 AAC Main+PNS
LC[①]	低复杂度规格 (low complexity)，MPEG-2 AAC LC+PNS
SSR	可变采样率规格 (scaleable sample rate)，MPEG-2 AAC SSR+PNS
LTP	长时期预测规格 (long term prediction)，MPEG-2 AAC LC+PNS+LTP
LD	低延迟规格 (low delay)
HE	高效率规格 (high efficiency)，HE-AAC 包含 2 个版本：HE-AAC v1(AAC+) 使用频段复制 (spectral band replication，SBR) 提高频域的压缩效率，适用于低码率 (64 kbps 以下)；HE-AAC v2(enhanced AAC+) 结合使用 SBR 和参数立体声 (parametric stereo，PS) 提高立体声信号的压缩效率，它进一步降低了对码率的需求 (接近于 50%)。

AAC 格式比较复杂，目前市场上公开的 AAC 编码器主要有：①FhG，它是 Fraunhofer IIS 研发的权威编码器；②Nero AAC，它由 Nero 公司免费发布，同时支持 LC-AAC/HE-AAC 规格；③QuickTime/iTunes，它们是 Apple 公司的两款软件都提供了 AAC 编码功能，其编码技术来自 Dolby 实验室；④FAAC(freeware advanced audio coder)，它是一款免费的开源软件，支持 LC/Main/LTP 规格；⑤DivX AAC，它是 2009 年 DivX 开发的新 AAC 编码器，支持 LC/HE/HEv2 规格。在专利许可方面，用户不需要许可或付款来传输或分发 AAC 格式的音频数据流，但是 AAC 编解码器的所有制造商或开发商都需要专利许可。

图 2.6 是 AAC 编码的流程示意图。该流程大致可以分成三个阶段：第一阶段利用心理声学模型控制增益控制模块、滤波器组模块、时域噪声整型 (temporal noise shaping，TNS) 模块、强度/耦合模块、预测编码模块和 M/S(mid/side) 编码模块，第二阶段通过码率-失真控制比例因子、量化和哈夫曼编码，第三阶段是比特流打包。各个模块的功能和作用如下。

① 简称“LC-AAC”，是一种最常用的规格，它在中等码率 (96 ~ 192 kbps) 的编码效率和音质方面表现很优越。

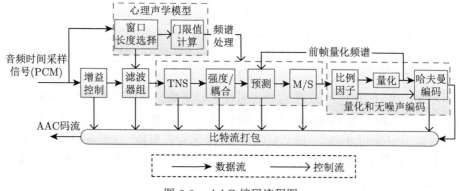

图 2.6 AAC 编码流程图

(1) 增益控制 (gain control)。 该模块只用于 SSR 框架中，它对输入信号进行增益控制，将信号做某个程度的衰减，降低其峰值大小，以减少前回声的发生。它由一个多相正交滤波器组、若干个增益检测器和增益调节器组成。

(2) 滤波器组 (filterbank)。 使用加窗的 MDCT 变换将输入的时域信号转换到频域，窗的形状及变换块的长度自适应于输入信号。为了克服在块边界处由量化精度的不均匀而产生的不连续噪声，相邻的变换块在时间上做 50% 重叠，即时域混叠抵消技术。

(3) 时域噪声整形 (TNS)。 用于抑制前回声失真，它能够控制每个变换窗口内量化噪声的时域形状，把量化噪声置于实际信号之下。

(4) 强度/耦合 (intersity/coupling)。 由于人耳对高频段声音的感知主要是基于声音强度，对相位不敏感，因此将左右声道的频谱系数相加，并乘上一个能量调整因子来替换左声道中相应位置的频谱系数，而右声道中相应位置的频谱系数置为零。它一般用于高于 6kHz 的频段，至少能使右声道的编码比特数减少 1/3。

(5) 频域预测 (prediction)。 它仅用于主框架中，对频谱分量进行帧间预测，以减少平稳信号的冗余度，因此仅适用于长窗情形。为了确保预测产生编码增益需要进行预测控制，对于立体声信号，如果两个声道的变换块类型、窗函数都相同的话，那么右声道将使用左声道相应预测器的控制信息。

(6) M/S 编码。 当左右声道频谱相似度大时，使用 M/S 编码能减少其中一个声道编码所需的比特数。记 L 和 R 分别表示初始的左右声道，令 $M = ((L+R)/2$ 代替 L，$S = (L-R)/2$ 代替 R。对于每一个无噪声编码带，使用 L/R 或 M/S 两者中的哪一种方式进行编码，取决于谁耗费的比特数更少。

(7) 量化器 (quantizer)。 对频谱数据进行非均匀量化，使得量化噪声满足心理声学模型的要求，并且量化后频谱的编码比特数必须不超过当前块可分配到

的平均比特数 (取决于采样率和压缩比特率)。

(8) 无噪声编码 (noiseless coding)。它在量化模块之后，采用哈夫曼编码进一步降低每个音频声道的比例因子和量化频谱的冗余。编码标准中包括 1 个比例系数哈夫曼码书和 11 个频谱哈夫曼码书。

AAC 码流结构包括 6 个层次 (图 2.7)，从大到小依次是帧 (frame)、窗组 (windows group)、窗 (windows)、段 (section)、比例因子带 (scalefactor band) 和频谱数据 (spectral data)。每个帧由 1024 个采样点数据 (sample) 组成，由于使用 MDCT 时频变换时引入了 50% 交叠 (overlap)，因此映射到 2048 条谱线。如果是长块变换则每个帧只包含一个窗组和一个窗，每个窗有 2048 条谱线；如果是短块变换则可能有若干个窗组和若干个窗，并且所有窗的总数为 8 个，此时每个窗有 256 条谱线。同一个窗组的频谱数据使用相同的比例因子。每个窗又可以分为若干个段 (不超过比例因子带的个数)，每个段包含若干个频谱数据。由于段的边界必须和比例因子带的边界重合，所以也可以说每个段包含若干个比例因子带。同一个段的频谱数据使用相同的哈夫曼码书编码。

图 2.7　AAC 码流结构层次图

2.4　ACELP 编码器原理

码激励线性预测 (code-excited linear prediction，CELP) 是一种语音编码算法，最早由 M. R. Schroeder 和 B. S. Atal 在 1985 年提出[16]。它存在很多变种，例如，代数码 CELP(ACELP)、低延迟 CELP(LD-CELP)、矢量和激励线性预测编码 (VSELP) 等。它是目前使用最广泛的语音编码算法，也被用于 MPEG-4 音频语音编码器。CELP 通常表示一个通用术语，指一类算法而非特定编解码器。

CELP 算法采用分帧技术进行编码，帧长一般为 20 ~ 30 ms，每帧又分成 2 ~ 5 个子帧，在每个子帧内搜索最佳的码矢量作为激励信号。CELP 算法的编码原理如图 2.8 所示[17]，采用了两类码本：一类是自适应码本，其码矢量逼近语音的长时周期性 (基音) 结构；另一类是固定码本，其码矢量为随机激励，对应语音经过短时预测和长时预测后的残差信号。当生成激励信号时，首先搜索确定自适应码本矢量 $C^{(\alpha)}$，再搜索确定固定码本矢量 $C^{(f)}$，然后两个码本矢量乘以各自的增益因子 $\lambda^{(\alpha)}$ 和 $\lambda^{(f)}$ 后相加作为 CELP 激励信号源。激励信号经过 LPC(linear predictive coding) 综合滤波器处理后得到合成语音信号 $\hat{x}(n)$，再将它与原始语音信号 $x(n)$ 的误差经过感知加权滤波器，得到感知加权误差 $e(n)$。最后，依据

$e(n)$ 的均方误差最小估值来搜索最佳码矢量及其幅度, 使得 $e(n)$ 的平方和最小的码矢量即是最佳码矢量。

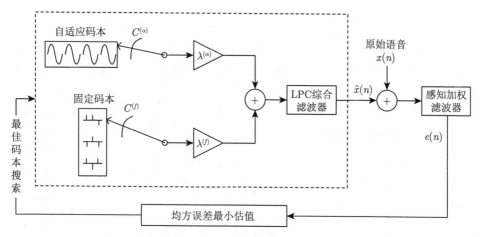

图 2.8   CELP 编码原理示意图

代数码激励线性预测 (algebraic code-excited linear prediction, ACELP) 算法是 CELP 编码的一种变化形式。它所使用的代数激励码本是 CELP 激励码本的一种简化形式, 采用 ±1 作为激励矢量中的激励样值。ACELP 在 CELP 的基础上将话音压缩效率提高了 2 倍, 它已被广泛应用于数字通信领域。例如, 自适应多码率 (adaptive multi-rate, AMR) 编码标准就是采用 ACELP 编码技术。下面通过典型的 AMR 标准实例来介绍 ACELP 的编码流程和原理 (图 2.9), AMR 编码流程分成 6 个阶段: 预处理、LPC 分析、开环基音搜索、自适应码本搜索、固定码本搜索和滤波器存储状态更新, 前 3 个阶段在帧内进行, 后 3 个阶段在 4 个子帧内进行。主要模块的功能说明如下。

(1) 预处理 (pre-processing)。预处理包括高通滤波和信号降幅, 使用高通滤波器滤除低频成分来抑制电源干扰, 并将输入信号的幅度减半, 以避免定点运算时发生数据溢出。

(2)LPC 分析 (LPC analysis)。LPC 分析即作短时分析, AMR 标准采用了 Levinson-Durbin 算法, 每帧分析两次并得到两组线性预测 (LP) 系数, 它们在编码前要先转化为线谱对系数 (line spectral pair, LSP)。

(3) 开环基音搜索 (open-loop pitch search)。它是基于感知加权语音信号, 目的是为闭环基音分析提供一个大概的范围。开环法利用浊音波形的周期性, 一般可以确定基音的大概范围, 并且计算量小。

(4) 计算冲激响应 (compute impulse response)。计算冲激响应是指计算感知加权合成滤波器的单位脉冲响应, AMR 采用 ACELP 语音模型搜索激励信号，使得感知加权误差的均方误差最小，因此当闭环基音搜索 (自适应码本搜索) 和固定码本搜索时，每个可能的激励信号都要进行加权滤波。

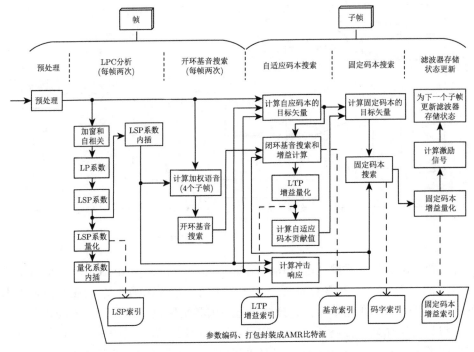

图 2.9　AMR 编码流程图

(5) 计算自适应码本的目标矢量 (compute target for adaptive codebook)。激励信号通过加权合成滤波器得到加权合成语音，为获得加权误差信号需要再对原始语音加权。由于基音周期可能小于分帧长度，即激励缓冲区中可能出现无效值，因此原始语音的加权需要得到所需的加权信号和激励替代信号。

(6) 自适应码本搜索 (adaptive codebook search)。自适应码本搜索即搜索语音信号的周期，目的是得到一个最佳的自适应码本索引，自适应码本参数或基音参数包括基音延时和基音滤波器增益。闭环基音搜索 (close-loop pitch search) 根据均方误差最小原则来确定基音周期，它在开环基音搜索结果所确定的某个区间来搜索最佳的基音延时，并把分辨率提高 1/3(或 1/6)，然后依次确定基音周期的整数部分和分数部分。

(7) 固定码本搜索 (fixed codebook search)。AMR 编码器的代数码本结构采用正负号脉冲交错设计，各种模式代数码本有所不同。搜索方法是使用加权输入语音和加权重构语音之间的均方误差最小化准则来搜索代数码本中的码矢，具体就是自适应码本的目标信号减去自适应码本的贡献。

(8) 增益量化 (gain quantization)。标准中自适应码矢量增益直接作为量化参数进行量化，而代数码矢量增益转化为相对预测增益的系数进行量化，以缩小待量化变量的变化范围、减小量化失真。

2.5　本章小结

本章首先介绍了语音频编码标准的发展，相关的标准化组织包括 ITU-T、ISO/IEC MPEG、3GPP/3GPP2 和 AVS 等。然后，详细介绍了 MP3 和 AAC 两种音频编码器的原理，包括编码流程、主要功能模块和码流的组织结构等。最后，介绍了 ACELP 语音编码器的原理，以及以 AMR 格式为代表的编码流程。

思　考　题

(1) 了解语音频编码标准的发展，查阅相关文献，重点熟悉 MP3、AAC、AMR、G.723.1、G.729、AC-3、WMA、Vorbis Ogg、FLAC、SILK 和 Opus 等编码标准，掌握它们的文件格式特征。

(2) 比较 MPEG-1/2 MP3 和 AAC 音频编码的区别？

(3) 比较 AMR、G.723.1 和 G.729 语音编码的区别？

(4) 调研 MP3、AAC 和 AMR 等编码的开源项目代码，并结合源代码理解编码器的原理与编解码流程。

第 3 章　编码参数域隐写及其分析

编码参数在音频编码中是必不可少的，它们影响和控制着整个编码过程，一些重要的编码参数甚至将写入编码码流，用于指导解码器进行正确地完成码流解码。因此，编码参数域隐写与音频压缩编码器紧密关联，针对不同的压缩编码器(如 MP3 和 AAC 等) 或编码参数所采用的隐写方式也有差异。编码参数域隐写的基本思想也是利用了编码参数选择时存在冗余的特点，在保持编码器正常编码前提下，通过修改编码参数来实现消息嵌入。根据第 2.2 和 2.3 节的描述发现，在音频压缩过程中使用的编码参数有很多，但是目前被用于隐写的编码参数主要包括量化步长、哈夫曼表索引、选择窗口类型、码率索引和比例因子长度索引等。本章将重点介绍几种典型的编码参数隐写方法及隐写分析方法。

3.1　量化步长修改方法

量化和熵编码是音频编码的核心组件，基于量化步长修改方法是一种内置式隐写方法，它通过调整量化步长大小或奇偶性实现秘密信息嵌入。MP3Stego 算法[18] 是一种最经典的基于量化步长修改的嵌入方法。MP3Stego 是剑桥大学计算机实验室安全组开发的针对 MP3 编码的隐写软件，它在 MP3 编码的内层循环中实现秘密信息的嵌入，通过调节量化误差的大小，将量化编码后 part23 块长度 part2_3_length 的奇偶性作为隐秘消息嵌入的依据。MP3Stego 算法的嵌入步骤如下。

步骤 1：使用量化步长 q_s 对 MDCT 系数量化后进行哈夫曼编码，计算哈夫曼码流中 Part23 块长度为 part2_3_length。

步骤 2：计算 embedRule $= (\text{part2\_3\_length}\%2) \oplus m$，其中 m 是当前待嵌入的消息比特。

步骤 3：如果 embedRule $= 0$ 且 part2_3_length $\leqslant B_{\max}$(最大可用比特数)，则消息比特嵌入成功；否则，令 $q_s = q_s + 1$ 并跳转执行步骤 1。

MP3Stego 算法引入的隐写失真也需要通过编码器的失真控制，所以算法的不可感知性比较好，但是隐写容量比较低，平均每帧只能隐藏 2 比特信息。此外，该算法在较低编码率情况下 (96 kbps 以下)，容易导致编码器陷入死循环[19]。为了解决 MP3Stego 算法的缺陷，Yan 等[20] 提出了一种基于量化步长奇偶性的 MP3

隐写算法，将隐写的对象由块长度调整为量化步长，通过修改量化步长使得量化步长的奇偶性与消息比特相同。改进的 MP3Stego 算法的具体嵌入步骤如下。

步骤 1：在嵌入操作之前，对原始秘密信息进行压缩去除冗余，并通过密钥对压缩后的秘密信息进行加密，获得压缩加密信息 M。

步骤 2：假设 L_M 为 M 的长度，将 L_M 和 M 连接在一起，形成最终待嵌入的秘密信息 S，即 $S = L_M \| M$。

步骤 3：利用密钥产生伪随机序列产生器的种子，由伪随机序列产生器产生 L_S 个比特来选择需要进行隐藏的颗粒，其中 L_S 表示消息 S 的长度。

步骤 4：输入一帧音频数据，其包含两个颗粒，对每个颗粒进行 MDCT 变换，得到 576 个 MDCT 系数。

步骤 5：对 MDCT 系数进行量化。如果当前颗粒为不需要隐藏的颗粒，则使用按常规的内循环结束条件；否则，在内循环中增加量化步长 q_s 直到满足 embedRule $= (q_s \% 2) \bigoplus m = 0$ 且 part2_3_length $\leqslant B_{\max}$，其中 m 表示 S 的一个待嵌入比特。

步骤 6：重复步骤 4 和 5，直到所有的颗粒都处理完毕。

算法的性能分析：基于量化步长修改的隐写方法操作简单、算法复杂度很低，相比于编码器的时间开销可忽略不计，但是算法会明显增加量化编码尝试的次数。算法的隐藏容量很低，隐藏容量的大小与音频压缩码率无关，只取决于音频帧的数量。由于隐写算法的嵌入过程是一种编码内置式操作，隐写引入的量化噪声将通过编码器的心理声学模型进行优化，因此算法具有很好的不可感知性。但是，由于修改量化步长将导致整个音频帧或颗粒的系数重新量化，因此算法对量化系数的统计分布改变较大，即算法的抗隐写分析能力很弱，在第 3.4 节将介绍一些针对 MP3Stego 算法的分析方法。

3.2　码表索引值替换方法

根据第 2 章的分析，MP3 和 AAC 等音频编码器在熵编码过程中使用多个哈夫曼码表来编码量化 DCT 系数，因此相同的量化系数可以采用不同的哈夫曼码表进行编码 (即哈夫曼码表选择存在冗余性)。压缩标准选择最优的哈夫曼码表的两个判定依据是：①所选择码表中的码字必须能对编码区中数值最大的 QMDCT 系数进行编码；②编码比特总数最小原则。所以可以利用标准中哈夫曼码表的冗余性隐藏秘密信息而不引起明显的听觉变化。Yan 等[21] 提出了一种基于哈夫曼码表对换的 MP3 隐写算法，通过构造特定的哈夫曼码表集合来编码比特信息。下面以该算法为例，介绍基于码表替换方法的隐写原理。

为了利用哈夫曼码表的冗余性，首先需要对所有的码表做一个划分，获得哪些是不可被利用的码表，以及哪些码表可以用来嵌入比特"1"或比特"0"。因此，算法首先将 MP3 编码标准中大值区的码表分成三类 (图 3.1)，分别记作 G_{-1}、G_0 和 G_1。其中 G_{-1} 集合中的码表不用于消息嵌入，同时约定 G_1 和 G_0 集合中的码表分别用于嵌入消息比特"1"和比特"0"。从图 3.1 中也可发现，算法分配码表时保持了码表索引的奇偶性与嵌入比特的一致。

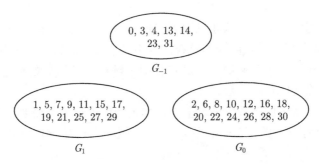

图 3.1　哈夫曼码表分类 (以码表索引表示)

在确定了码表集合后，需要构建嵌入编码规则，即码表映射规则。图 3.2 是算法构建的码表映射规则，利用表中的替换规则对码表索引值进行更改，实现消息比特嵌入。例如，若当前码表索引所属集合为 G_0，而待嵌入消息比特为"1"，则需要从 G_1 集合中选择对应的码表做替换。相反地，消息提取过程比较简单，只需要通过判定码表的索引值所属的集合，就可获得所嵌入的消息比特。

算法中码表集合的划分不是唯一的，这里提供了一种码表分类方法，其中不可用码表集合 G_{-1} 的划分依据如下。

(1) 编码标准中第 0 号码表不含码字，而第 4 和 14 号码表均未被使用，所以它们应该划归于 G_{-1}。

(2) 按照码表映射规则 (图 3.2)，选择相邻的码表做替换，第 3 号和 13 号码表对应的替换码表应为第 4 号与 14 号码表 (标准中它们是保留码表)，故第 3 号和 13 号码表应该放入 G_{-1}。

(3) 第 23 号码表对应的替换码表为 24 号码表，但是由于第 24 号码表的 linbits 位比 23 号码表的短，可编码的最大系数值更小，所以应该放入 G_{-1}。

(4) 第 31 号码表对应的替换码表为 32 号码表，但是第 32 号码表为小值区编码使用的码表，因此 31 号码表也不用来嵌入信息。

此外，值得注意的是，为了保证隐藏消息能被正确提取，算法在某些情形下将嵌入失效，即在嵌入比特"1"时替换码表索引属于 G_{-1}(图 3.2 中使用圆括号标记)。导致嵌入失效的原因是码表映射规则是不封闭的，可以通过重复嵌入解决此缺陷。

码表索引	替换后码表索引		码表索引	替换后码表索引	
	嵌入比特"1"	嵌入比特"0"		嵌入比特"1"	嵌入比特"0"
0	不变	不变	16	17	16
1	1	2	17	17	18
2	(3)	2	18	19	18
3	不变	不变	19	19	20
4	保留	保留	20	21	20
5	5	6	21	21	22
6	7	6	22	(23)	22
7	7	8	23	不变	不变
8	9	8	24	25	24
9	9	10	25	25	26
10	11	10	26	27	24
11	11	12	27	27	28
12	(13)	12	28	29	28
13	不变	不变	29	29	30
14	保留	保留	30	(31)	30
15	15	16	31	不变	不变

图 3.2　码表映射规则

算法的性能分析：基于码表替换的隐写方法也具有操作简单、算法复杂度很低的优点。算法的隐藏容量不高，但是相比第 3.1 节中基于量化步长修改和第 3.3 节中基于窗口类型转换的隐写算法，在相同音频码率载体下隐藏容量是它们的 3 倍左右。同样地，由于替换哈夫曼码表将影响整个编码区，甚至极大地改变哈夫曼码表索引的分布特性，因此算法的抗隐写分析能力较弱。

3.3　窗口类型转换方法

数字音频信号是一维时变信号，信号平稳性随时间变化，在时频变换过程中编码器需要根据信号变化剧烈程度来选择不同时宽的窗函数，以获得最佳的时域分辨率和频域分辨率。一般地，编码器可以选择多种不同类型的窗函数，因此可以利用窗口类型的冗余特点，在窗口类型和隐藏消息之间建立映射关系，通过窗口类型的替换实现信息嵌入[22]。

以 MP3 编码器为例，它采用了四种窗类型：长窗、短窗、起始窗和结束窗。长窗用于变化剧烈的音频帧，以较高的时域分辨率捕捉信号的瞬时变化；短窗用于变化平缓的音频帧，以较高的频域分辨率获得信号的能量分布；起始窗和结束窗是两种过渡窗，实现长窗与短窗之间的平滑切换。长窗的时宽为短窗的三倍，因此长窗的频域分辨率是短窗的三倍，而短窗的时域分辨率是长窗的三倍。两种过渡窗的时宽与长窗的相同。在编码过程中，窗口类型的选择是依据心理声学模型

(PAM) 计算感知熵值 (PE) 值来确定的。PE 值反映了信号频谱的平坦性，若 PE 值越大则信号包含能量较强的高频分量，即时域信号存在瞬时的剧烈变化。MP3 标准规定当 PE 值大于默认阈值 1800 时，窗口类型需要切换到短窗。

窗口类型的转换规则如图 3.3 所示。当 PE ≤ 1800 时，若前一状态为长窗或结束窗时，则当前应选择长窗；若前一状态为短窗，则当前应选择结束窗。当 PE> 1800 时，当前应选择短窗，值得注意的是在这种情况下，前一状态的窗口类型需要进行更新，使用起始窗替换长窗、结束窗替换短窗。

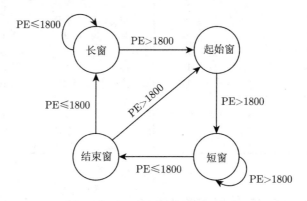

图 3.3 窗口类型转换规则示意图

隐写算法通过修改窗口类型的方式实现消息嵌入，并约定嵌入信息与窗口类型之间的映射规则为：①当嵌入比特为"1"时，则当前窗口类型应选择短窗，根据窗口类型的转换规则同时需要更新前一状态的窗口类型；②当嵌入比特为"0"时，则根据窗口类型的转换规则和前一状态的窗口类型选择长窗、起始窗或结束窗。值得注意的是，与第 3.2 节的码表索引方法类似，基于窗口类型转换的隐写算法也存在嵌入失效的问题。例如，根据窗口类型的转换规则，若当前窗口是短窗则需要更新前一状态的窗口类型。如图 3.4 所示，若前一状态是结束窗时则需要更新成短窗，因此这将导致嵌入比特由"0"变成"1"而发生提取错误。为了解决

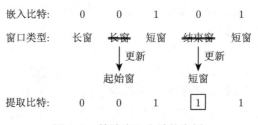

图 3.4 算法嵌入失效的实例

算法的缺陷，必须避免使用结束窗，即当嵌入后窗口类型变为结束窗时则判定此次嵌入失效，当前比特需要重新嵌入直到嵌入成功。同样地，在信息提取时如果遇到结束窗则跳过信息提取。

算法的性能分析：在算法复杂度、隐藏容量和安全性等方面，基于窗口类型转换的隐写方法与第 3.1 节中基于量化步长修改的隐写算法的性能相当。

3.4 MP3Stego 算法分析

MP3Stego 算法能够成为最具代表性的音频隐写算法之一，主要有三个方面的原因：第一，它是最早的 MP3 压缩域隐写方法，具有很好的透明性和编码兼容性；第二，它是一个开源的隐写算法，引起了研究人员的广泛关注和研究；第三，在一段时期内，它被作为隐写分析方法检测准确性的测试标准。对 MP3Stego 算法的分析研究很多、也很成熟，尤其是形成了一系列的 MP3Stego 专用隐写检测方法，它们的检测准确率也很高。音频隐写分析方法的基本原理和流程与图像和视频相似，其中专用分析方法通常是针对某种或某类嵌入算法，利用了隐写算法对直观统计量的改变特性。下面主要通过介绍几种典型的 MP3Stego 分析方法来理解音频专用隐写分析中常用的一些分析对象及统计量。

3.4.1 块长度 part2_3_length 的方差统计量

Westfeld 最早对 MP3Stego 算法进行了分析[19]，通过统计分析块长度发现隐写后块长度的方差会变大，还分析了不同 MP3 编码器对隐写分析的影响，并对嵌入消息长度做了近似估计分析。Song 等[23,24] 通过计算 MP3 文件中 part2_3_length、stuffingBits 的统计量实现对 MP3Stego 算法的检测。

经实验统计分析发现，使用 MP3Stego 算法隐写前后对 part2_3_length 块长度的统计直方图如图 3.5 所示，隐写前 (cover 组) 相比隐写后 (stego 组) 样本的块长度频次峰值 (当 [块长度/100] = 7 时) 更突出，并且隐写后块长度的分布更均匀。因此，可以利用块长度分布的方差统计量来区分正常音频和 MP3Stego 隐写音频，块长度方差 s^2 的计算式为

$$s^2 = \frac{\sum x^2 - \frac{1}{n}\left(\sum x\right)^2}{n-1} \tag{3.1}$$

其中，n 是统计块长度的总数，x 是每个块长度的值。此外，对于块长度方差 s^2 的阈值也可以通过支持向量机 (support vector machine，SVM) 训练来确定。

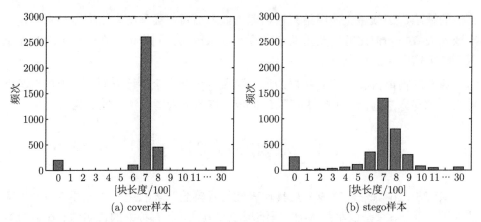

图 3.5　MP3Stego 算法隐写前后 part2__3_length 统计直方图对比

3.4.2　量化步长差分的方差统计量

Yan 等[25,26] 分析 MP3Stego 算法的嵌入原理发现量化步长是嵌入操作中被直接修改的一个重要参数，因此分析方法利用量化步长的差分统计量作为分类特征来检测 MP3Stego 算法。检测特征的具体计算方法如下。

量化步长的一阶、二阶差分 q_i' 和 q_i'' 可以分别表示为

$$q_i' = q_{i+1} - q_i \quad (i = 1, 2, \cdots, N-1) \tag{3.2}$$

$$q_i'' = q_{i+1}' - q_i' \quad (i = 1, 2, \cdots, N-2) \tag{3.3}$$

其中，q_i 是第 i 个颗粒的量化步长，N 是 MP3 文件包含的颗粒总数。根据式 (3.2) 和式 (3.3)，可计算两者对应的标准差 σ' 和 σ'' 为

$$\sigma' = \sqrt{\frac{\sum_{i=1}^{N-1} \left(q_i' - \bar{q}_i'\right)^2}{N-2}} \tag{3.4}$$

$$\sigma'' = \sqrt{\frac{\sum_{i=1}^{N-2} \left(q_i'' - \bar{q}_i''\right)^2}{N-3}} \tag{3.5}$$

其中，$\bar{q}_i'$ 和 $\bar{q}_i''$ 分别为一阶差分和二阶差分序列的均值。最后将 (σ', σ'') 作为分析检测算法的特征向量。

3.4.3 比特池长度的变异系数

在 MP3 编码中,格式化的音频帧长度是固定的,但是实际中由于每个音频帧的感知特性不同,编码器分配给每帧的比特资源是变化的,它采用比特池技术来动态调节每帧的编码比特数。Hernandez-Castro 等[27] 通过实验发现 MP3Stego 算法会引起编码比特池长度发生改变,并通过比特池长度的相对误差量来区分正常的和隐写的 MP3 文件。Yan 等[28] 提出了一种基于比特池长度的 MP3Stego 隐写分析算法,采用 MP3 颗粒比特池长度的均值和方差的比值作为分析特征,下面介绍该算法的一般原理。

MP3Stego 算法在信息嵌入时改变内循环结束的条件直接导致量化步长增加,使得经哈夫曼编码后的比特数随之减少。在编码器给定比特数情况下,隐写时比未隐写时具有更多的比特剩余存放在比特池中。图 3.6 显示了 10 个音频样本在隐写前后比特池长度的平均值。从图中可以看到,不同音频样本比特池长度的均值变化范围也很大。

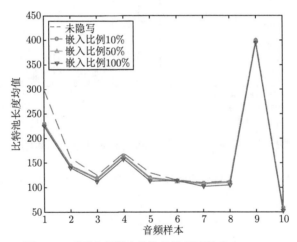

图 3.6 不同音频样本的比特池长度均值/128kbps

为了利用上述比特池长度变化特性来检测 MP3Stego 算法,可以定义变异系数统计量

$$c_{\mathrm{v}}^{-1} = \frac{\mu}{\sigma} \tag{3.6}$$

其中,μ 和 σ 分别为待检测音频所有颗粒比特池长度的均值和标准差。c_{v}^{-1} 可以看作是变异系数的倒数。

3.4.4 边信息中 main_data_begin 值的均值统计量

MP3 编码标准使用一个 9 比特的变量 (main_data_begin) 来记录每帧主数据的开始位置,音频帧长度改变同时将改变 main_data_begin 值。Yu 等[29,30] 利用边信息中 main_data_begin 字段值的分布来检测 MP3Stego 隐写音频。针对边信息特征在低嵌入率时检测准确率低的问题，Li 等[31] 提出了一种改进方法，将隐写前后的 main_data_begin 字段位置差扩大，以减小特征提取时重压缩估计方法带来的误差。

在给定编码率下，编码器分配给每帧的比特数是恒定的，而 MP3Stego 算法嵌入将会产生更多的比特数剩余，进而导致下一帧的 main_data_begin 值比未隐写时更大。图 3.7 是 MP3 音频样本在未隐写和 50% 隐写时 main_data_begin 值的分布图，从图中可以清楚地看到隐写后的 main_data_begin 值与未隐写时相比有明显变化。

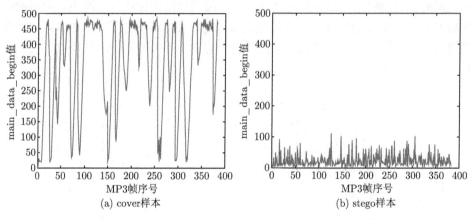

图 3.7　隐写和未隐写的 main_data_begin 值分布图

依据上述分析，可以设计检测特征 f 为 main_data_begin 值的均值：

$$f = \frac{1}{N} \sum_{i=1}^{N} m_i \tag{3.7}$$

其中，N 为待测 MP3 音频的总帧数，m_i 为对应第 i 帧的 main_data_begin 值。

为了进一步提高隐写检测的性能，采用重压缩校正方法消除隐写对 main_data_begin 值造成的影响生成原始载体估计作为分析参照。具体操作可以表示为

$$\widehat{M} = C(D(M), R_c) \tag{3.8}$$

其中，$C(\cdot)$ 和 $D(\cdot)$ 分别表示 MP3 编码操作和解码操作，R_c 是 MP3 编码的码率参数，M 是待测 MP3 音频，$\widehat{M}$ 是 MP3 载体估计。因此，可以将检测特征修改为

$$\Delta f = |f - \hat{f}| \tag{3.9}$$

其中，Δf 表示 main_data_begin 值的均值差特征，f 和 $\hat{f}$ 分别为待测 MP3 和估计 MP3 的 main_data_begin 值的均值。

3.4.5 大值区系数的方差统计量

图 3.8 是 MP3 样本音频在未隐写和 50% 隐写时大值区系数的统计分布图。从图中可以明显看出，MP3Stego 算法隐写后较隐写前大值区系数的频次变化更剧烈，因而可以利用方差统计量来进行检测。Yu[32] 利用隐写后 QMDCT 大值区系数的稀疏性，计算重压缩前后大值区系数方差的差值作为隐写分析特征。

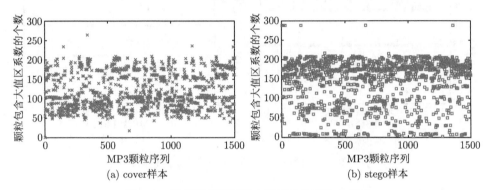

图 3.8 隐写和未隐写的大值区系数统计分布图

定义 σ^2 为大值区系数个数的样本方差，其计算式为

$$\sigma^2 = \frac{1}{N-1} \sum_{i=1}^{N} (g_i - \bar{g})^2 \tag{3.10}$$

其中，N 为待测 MP3 音频的总颗粒数，g_i 为对应第 i 个颗粒的大值区系数个数，$\bar{g}$ 为 MP3 颗粒序列大值区系数的均值。

为了进一步提高隐写检测的性能，同样采用重压缩校正方法进行载体估计，并分别计算 σ_1^2 和 σ_2^2（分别表示待测 MP3 和估计 MP3 的大值区系数的方差）。因此可以利用方差的差值 $\Delta\sigma^2$ 作为新的检测分析特征，其计算式为

$$\Delta\sigma^2 = |\sigma_1^2 - \sigma_2^2| \tag{3.11}$$

3.4.6 码表索引的二阶差分量

Chen 等[33] 发现 MP3Stego 算法会不同程度地改变哈夫曼码表索引值，并计算其二阶差分值作为隐写分析特征。Wan 等[34] 提出一种基于哈夫曼码表分布特征和重编码的 MP3Stego 隐写分析方法，计算待测 MP3 码表分布与校准 MP3 码表分布的比值作为分析特征。MP3Stego 算法会影响哈夫曼码表选择，改变各系数区码表索引分布。图 3.9 分别显示了 MP3 音频样本在未隐写和 50% 隐写情况

下 region_0 区 (R_0 区) 使用的码表索引情况，从图中可以发现，隐写较未隐写时哈夫曼码表索引值的分布变化更剧烈。

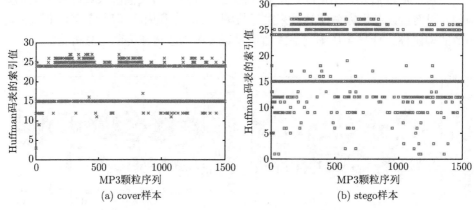

(a) cover样本   (b) stego样本

图 3.9   未隐写与隐写的哈夫曼码表索引值比较

据上述分析，可以利用码表索引值的二阶差分来反映这种差异性，Δ_i^2 和 μ_{diff} 的具体定义如下：

$$\Delta_i^2 = \text{ind}_i - 2\,\text{ind}_{i+1} + \text{ind}_{i+2} \quad (i = 1, 2, \cdots, N-2) \tag{3.12}$$

$$\mu_{\text{diff}} = \frac{\sum_{i=1}^{N-2} \Delta_i^2}{N-2} \tag{3.13}$$

其中，N 为待测 MP3 音频的总颗粒数，ind_i 为对应第 i 个颗粒的 region_0 区所选哈夫曼码表序号值。

上面所述方法能检测 MP3Stego 算法，进一步地，Yan 等[35,36] 提出了嵌入信息比例估计的方法，将 MP3Stego 算法嵌入比例的估计问题转换为突变点检测问题，并提出了基于滑动窗 F 统计量的突变点检测算法、基于 CUSUM 和 Bootstrap 的突变点检测算法，以及基于惩罚代价函数的突变点检测算法。这些算法的原理在此不作详述，具体可参考相关文献。

3.5   UnderMP3Cover 算法分析

UnderMP3Cover 算法[37] 是 Christian Platt 提出的一种经典的开源 MP3 隐写方法，它将秘密信息采用最低比特位替代 (least significant bit replacement,

LSBR) 嵌入到 MP3 边信息 global_gain 域，算法复杂度低、不可感知性高。UnderMP3Cover 算法本质上是一种 LSB(least significant bit) 隐写方法，因此针对 LSB 算法的分析方法同样适用于对 UnderMP3Cover 算法的分析。当前针对 LSB 隐写方法已有多种成熟的隐写分析算法，其中较为典型的有卡方检测 (chisquare) 方法、RS(regular & singular) 方法、SPA(sample pair analysis) 方法和 DIH(difference image histogram) 方法等。Jin 等[32, 35, 38] 提出了一种修改的 RS 检测方法，并能在一定误差范围内估计出嵌入强度，其原理和步骤如下。

步骤 1: 解码待检测 MP3 音频的每个数据帧头，获取边信息中 global_gain 域的值序列，记作 $Q = \{g_i, 1 \leqslant i \leqslant N\}$。

步骤 2: 按掩模算子 M 对序列 Q 进行分帧，得到 RS 检测方法中的向量 G。

步骤 3: 依据 RS 检测方法，计算 $R_M(p/2)$、$S_M(p/2)$、$R_{-M}(p/2)$、$S_{-M}(p/2)$，以及 $R_M(1-p/2)$、$S_M(1-p/2)$、$R_{-M}(1-p/2)$、$S_{-M}(1-p/2)$。

步骤 4: 利用式 (3.14) 和式 (3.15) 计算嵌入长度的估计值 p。

$$2\left(d_1 + d_0\right) z^2 + \left(d_{-0} - d_{-1} - d_1 - 3d_0\right) z + d_0 - d_{-0} = 0 \tag{3.14}$$

其中，
$$\begin{cases}
z = \dfrac{x - \dfrac{p}{2}}{1 - p} \\
d_0 = R_M\left(p/2\right) - S_M\left(p/2\right) \\
d_1 = R_M\left(1 - p/2\right) - S_M\left(1 - p/2\right) \\
d_{-0} = R_{-M}\left(p/2\right) - S_{-M}\left(p/2\right) \\
d_{-1} = R_{-M}\left(1 - p/2\right) - S_{-M}\left(1 - p/2\right)
\end{cases}$$

$$p = \frac{z}{z - \dfrac{1}{2}} \tag{3.15}$$

3.6　本章小结

本章介绍了基于编码参数的压缩域音频隐写与隐写分析方法，编码器参数是音频压缩过程的重要组成部分，编码参数的修改将影响编码器的正常编码，但是某些特定的编码参数也存在冗余性。首先介绍了三种典型的基于编码参数的隐写方法，包括量化步长修改方法、码表索引值替换方法和窗口类型转换方法。这三种方法的基本嵌入方式的优点是与编码器兼容，操作简单、复杂度很低，但是很难与现有的隐写编码结合。由于是采用编码内置式嵌入，因此它们的听觉不可感知性很好，但是算法的隐藏容量较低和抗隐写分析能力很弱。然后，分别介绍了针对 MP3Stego 算法和 UnderMP3Cover 算法的专用分析方法，以此来说明专用分析方法的设计思想和技巧。它们同样能够应用于其他隐写算法的检测。

从编码参数隐写方法的原理上分析，可利用的编码参数很少、占码流比重很低，因此算法的负载率很低；而修改单个编码参数将影响整个音频帧或颗粒的数据，因此算法的安全性较弱。与音频编码不同，基于参数编码的隐写方法在语音编码中能获得很好的应用，具体在第 4 章中介绍。此外，对参数隐写的专用分析方法比较成熟，不仅检测正确率较高，而且在较低负载率下的检测效果很好，还能估计隐藏信息的容量。

思　考　题

(1) 计算并比较 3 种类型隐写算法的时间复杂度、嵌入效率和最大负载率。

(2) 在第 3.2 节中，哈夫曼码表的划分方法是否是最优的？如果不是，请给出改进的哈夫曼码表划分算法。

(3) 解释第 3.2 和 3.3 节中两种算法嵌入失效的原因？除重复嵌入外，提出其他的解决方法。

(4) 从第 3.4 节中挑选三种分析算法实现，通过实验确定各算法的最佳阈值，并比较它们的检测性能？

(5) 分析 AAC 编码器的原理，将本章介绍的隐写算法和分析算法应用于 AAC 编码，并设计相应的算法。

第 4 章   熵编码域隐写及其分析

利用量化编码是有损编码的特点,音频编码器使用量化编码去除频域系数的冗余,以提高压缩比率。与图像 JPEG 压缩类似,量化后音频的频域系数并不是完全没有冗余信息的,因此可以修改量化系数来隐藏消息。从原理上分析,第 3 章介绍的编码参数修改方法本质上也是修改了频域系数,最终影响音频内容质量。但是,作为基本隐写嵌入域,量化系数与编码参数的嵌入方式存在很大不同。修改编码参数将引起一片相关联频域系数的改变,对音频内容修改较大、不能精确控制,因而对统计特性的改变也增大;相反地,量化系数修改方式更接近于原子操作,能够更精确地控制音频内容失真和噪声扩散。本章首先分析了三种适用于熵编码域的基本嵌入方法,然后分别介绍了这三种隐写方法的原理。

4.1   基本嵌入方法

根据第 2 章对音频编码器的介绍,音频量化编码的规则比图像 (如 JPEG 系数) 更复杂。以 JPEG 和 MP3 编码标准为例进行比较,JPEG 编码器使用量化表来量化 DCT 系数,每个分块 DCT 系数仅需做一次量化编码;而 MP3 编码器采用了比特池技术,动态调整每个音频帧分配的编码比特数,并采用迭代量化方法达到最优的压缩音质,音频帧可能需要进行的多次量化。因此,在隐写嵌入方面,修改 JPEG 系数比 MP3 系数更简单,直接修改 MP3 系数的嵌入方式将导致编码器出错。为了解决音频编码的"帧偏移效应"对隐写嵌入的影响,传统的 LSB 基本嵌入方式存在局限性,下面以 MP3 编码器为例介绍适用于基于量化系数隐写方法的基本嵌入方式和可嵌域。

经过分析发现,导致 MP3 编码器崩溃的根本原因是修改量化 DCT 系数后哈夫曼码流膨胀,超出预分配的可用最大比特数。因此为了与编码标准兼容,需要有约束地修改量化系数,使得修改后哈夫曼码流的长度保持不变。从图 2.4 中描绘的 MP3 码流结构可以得到,大值区系数的编码单元由哈夫曼码字、linbits 位和符号位组成,小值区系数的编码单元由哈夫曼码字和符号位组成。因此,量化系数隐写方法的可嵌入域包括哈夫曼码字、系数符号位和 linbits 位。对这三个编码可嵌域的修改事实上也是修改量化编码系数 (类似于修改 JPEG 系数),但是每个可嵌域的基本嵌入方式是不同的。三种可嵌域的基本嵌入方式如下所示。

(1) 等长熵码字替换嵌入。 在编码标准中提供了多张哈夫曼码表，每张码表中都存在很多码字长度相等的哈夫曼码字。因此可以使用码长相同的哈夫曼码字替换来嵌入隐藏信息，采用等长码字替换方式是保持码流长度的前提之一。

(2) 系数符号位反转嵌入。 根据 MP3 编码标准，非零系数使用一个比特来表示其符号信息，比特 "0" 表示正数、比特 "1" 表示负数。因此，通过反转编码符号位来嵌入信息也不会改变原始码流的结构和长度。但是，为了不影响音频的听觉质量，对修改符号位的位置及系数值应该有一定限制。

(3) linbits 位 LSB 嵌入。 当系数的绝对值超过 15 时就需要使用 linbits 位来编码系数溢出部分，每张哈夫曼码表分配的 linbits 位长度是固定的，这样 linbits 位的编码规则等价于定长编码。因此，采用 linbits 位 LSB 嵌入方式也能够保持修改后码流的结构与原始码流结构的一致性。

上述三种隐写嵌入方式抵抗隐写分析的基础假设是：①等长哈夫曼码字替换对码字分布的影响很小，这是因为根据哈夫曼码字构造原理，码长相同的码字统计概率相近；②由于量化系数服从 "0" 值对称的广义拉普拉斯分布，所以系数符号位翻转能够对系数直方图攻击免疫；③linbits 位 LSB 嵌入的安全性与通常的 LSB 算法类似。下面分别介绍三个嵌入域的隐写原理及相应的典型分析方法。

4.2　熵码字替换方法

早在 2007 年就有人提出了通过构造哈夫曼码字映射来实现信息隐藏，Liu 等[39] 依据码字汉明重量相等条件从 MP3 编码小值区的两张哈夫曼表中选择可隐写码字，Gao[40] 选取了 MP3 大值区的 13 对哈夫曼码字来构造映射表。Ao 等[41] 在此基础上通过增加映射表中哈夫曼码字对数量来提高隐藏容量。Yan 等[42,43] 对码字替换模型进行了研究，提出了混合进制嵌入的概念，能够获得更高的隐写速率和效率。上述这些方法的重要贡献是证明了哈夫曼码字替换的可行性，但是在算法的抗隐写分析上缺乏充分研究。直到 2017 年，Yang 等[44,45] 采用隐写码技术提出了基于等长熵码字置换的 MP3 自适应隐写算法 (equal-length entropy codes substitution，EECS 算法)，弥补了基于哈夫曼码字替换方法安全性弱的缺陷。下面以 EECS 算法为例，介绍基于熵码字替换的隐写方法。

4.2.1　隐写嵌入流程及算法框架

算法流程如图 4.1 所示。隐写嵌入过程主要分为四步：①构造可替换码字映射表，将原始哈夫曼码字流 H_c 经过码字-二进制映射成比特流 C；②根据心理声学模型和哈夫曼码字对的替换距离，计算嵌入失真代价 ρ；③采用 STC 隐写码将秘密信息 M 嵌入到载体比特流 C 中，并获得载密比特流 S；④依据码字映射表，通过二进制-码字映射操作将载密比特流 S 还原为载密的哈夫曼码字流 H_s。因此，隐写算法原理的数学模型可表示为

$$H_c \times S \to H_s \tag{4.1}$$

$$\text{STC}(C, M, \rho) = S \tag{4.2}$$

其中，H_c 和 H_s 分别为原始哈夫曼码字流和对应的载密哈夫曼码字流，C 是 H_c 映射成的二进制比特流，S 是 C 对应的载密二进制比特流，M 表示秘密信息，ρ 表示嵌入代价。

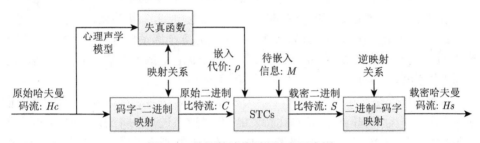

图 4.1 隐写算法的原理流程示意图

4.2.2 码字映射表的构造

图 4.1 表明码字映射表的构造是自适应隐写算法的核心问题之一，为保证码字替换前后编码单元的长度与结构不发生变化，首先需要解决码字的替换规则问题。为了描述方便，假定 $h_i^{(k)}$ 表示第 k 张哈夫曼码表中的第 i 个码字，$\langle x_i^{(k)}, y_i^{(k)} \rangle$ 表示与码字 $h_i^{(k)}$ 对应的频域系数对。因此，对 $\forall i \neq j$，可相互替换的哈夫曼码字对 $h_i^{(k)}$ 和 $h_j^{(k)}$ 必须满足以下三个条件。

(1) 哈夫曼码字长度。 哈夫曼码字 $h_i^{(k)}$ 和 $h_j^{(k)}$ 字的长度相等，即

$$\|h_i^{(k)}\| = \|h_j^{(k)}\| \tag{4.3}$$

(2) 系数符号位个数。 频域系数对 $\langle x_i^{(k)}, y_i^{(k)} \rangle$ 和 $\langle x_j^{(k)}, y_j^{(k)} \rangle$ 具有相同的符号位个数，即

$$\delta(x_i^{(k)} = 0) + \delta(y_i^{(k)} = 0) = \delta(x_j^{(k)} = 0) + \delta(y_j^{(k)} = 0) \tag{4.4}$$

其中

$$\delta(x = m) = \begin{cases} 1, & x = m \\ 0, & x \neq m \end{cases} \tag{4.5}$$

(3) Linbits 位标志。 频域系数 $x_i^{(k)}$ linbits 位的存在性与 $x_j^{(k)}$ 一致，同样地，$y_i^{(k)}$ 和 $y_j^{(k)}$ 也要满足此条件。

哈夫曼码字相互替换之后，其对应的频域系数随之发生变化。为了使码字替换对频域系数变化造成的影响尽可能降低，以及控制搜索算法的时间复杂度，在进行可替换码字搜索前，可以先对码字搜索空间采取 zig-zag 方式进行遍历。映射表的具体构造方式如下。

假设 $\Pi^{(k)}$ 表示包含第 k 张码表中所有哈夫曼码字的集合，则 $\Pi^{(k)}$ 被分成两个子集，记作 $\Pi_u^{(k)}$ 和 $\Pi_v^{(k)}$。$\Pi_v^{(k)}$ 集合中的哈夫曼码字都是可用码字 (可隐写码字)，可被用来嵌入信息；而 $\Pi_u^{(k)}$ 集合中包含的是不可用于隐写的哈夫曼码字。$\Pi_v^{(k)}$ 和 $\Pi_u^{(k)}$ 可以通过迭代的方式进行构造：首先将 $\Pi_v^{(k)}$ 初始化为 $\varnothing$；然后对于 $\exists h_i, h_j \in \Pi^{(k)} \backslash \Pi_v^{(k)} (i \neq j)$，并且使得码字对 (h_i, h_j) 满足可替换码字的三个限定条件 $(1) \sim (3)$，就将 h_i 和 h_j 放入 $\Pi_v^{(k)}$，否则将它们放入 $\Pi_u^{(k)}$。重复上述过程，直到 $\Pi^{(k)}$ 为 $\varnothing$。

对可用码字空间 $\Pi_v^{(k)}$ 中的每个哈夫曼码字 h_i，按照它被放入 $\Pi_v^{(k)}$ 的顺序进行顺序编号。为了编码嵌入信息比特 "0" 和 "1"，进一步将 $\Pi_v^{(k)}$ 划分为两个子空间：$\Pi_0^{(k)}$ 和 $\Pi_1^{(k)}$。当哈夫曼码字 h_i 的序号是奇数则将 h_i 放入 $\Pi_1^{(k)}$，序号是偶数则将 h_i 放入 $\Pi_0^{(k)}$。集合 $\Pi_0^{(k)}$ 中的哈夫曼码字表示嵌入比特 "0"；相反地，集合 $\Pi_1^{(k)}$ 中的哈夫曼码字表示嵌入比特 "1"。这样就完成了码字映射表的构建，依据映射表可实现比特信息嵌入，每个 $\Pi_v^{(k)}$ 中可隐写码字可以隐藏 1 比特信息。

根据码字长度的分布特点，两个可替换的哈夫曼码字在 zig-zag 顺序进行搜索时距离更近，即码字对的曼哈顿距离更小。以第 7 号码表为例，其搜索顺序如图 4.2 所示。首先根据式 (4.4)，可以将搜索码字空间划分为三个区域 R_0，R_1 和 R_2，每个区域都是封闭的，分别执行上述的迭代搜索过程。图 4.2 描述了区域 R_2 的搜索过程，搜索顺序以图中的箭头方向表示，以实心点标注的哈夫曼码字分别是 $h_{\langle 2,3 \rangle}$、$h_{\langle 3,2 \rangle}$、$h_{\langle 5,1 \rangle}$、$h_{\langle 4,2 \rangle}$、$h_{\langle 2,4 \rangle}$、$h_{\langle 1,5 \rangle}$，它们的哈夫曼码字长度都等于 8。按照搜索顺序，可以将这 6 个哈夫曼码字依次组成 3 个可替换的哈夫曼码字对 (图 4.3)，记作 $h_{\langle 2,3 \rangle} \longleftrightarrow h_{\langle 3,2 \rangle}$，$h_{\langle 5,1 \rangle} \longleftrightarrow h_{\langle 4,2 \rangle}$，$h_{\langle 2,4 \rangle} \longleftrightarrow h_{\langle 1,5 \rangle}$。依据划分规则，$h_{\langle 2,3 \rangle}$、$h_{\langle 5,1 \rangle}$ 和 $h_{\langle 2,4 \rangle}$ 被划分入 $\Pi_1^{(k)}$，$h_{\langle 3,2 \rangle}$、$h_{\langle 4,2 \rangle}$ 和 $h_{\langle 1,5 \rangle}$ 被划分入 $\Pi_0^{(k)}$。

根据上述构造的映射表，码字-二进制映射关系 $f_{\text{ctb}} : \Pi_v^{(k)} \mapsto \{0,1\}$ 可表示为

$$f_{\text{ctb}}(h) = \begin{cases} 0, & h \in \Pi_0^{(k)} \\ 1, & h \in \Pi_1^{(k)} \end{cases} \qquad (4.6)$$

其中，h 表示哈夫曼码字。

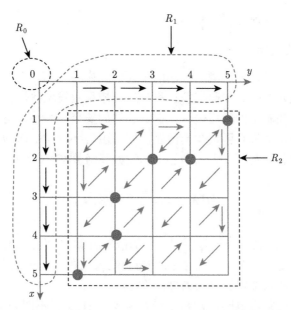

图 4.2　7 号码表中可替换哈夫曼码字对的搜索过程

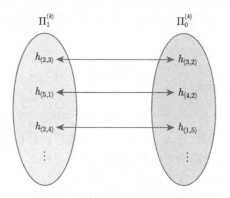

图 4.3　哈夫曼码字替换关系图

类似地，其逆映射二进制-码字映射关系 $f_{\mathrm{btc}} : \{0,1\} \times \Pi_v^{(k)} \mapsto \Pi_v^{(k)}$ 可表示为

$$
f_{\mathrm{btc}}(s,g) = \begin{cases} g, & s = 0 \text{ 且 } g \in \Pi_0^{(k)} \\ \hat{g}, & s = 0 \text{ 且 } g \in \Pi_1^{(k)} \\ \hat{g}, & s = 1 \text{ 且 } g \in \Pi_0^{(k)} \\ g, & s = 1 \text{ 且 } g \in \Pi_1^{(k)} \end{cases} \tag{4.7}
$$

其中，$(g, \hat{g})$ 是一个可相互替换的哈夫曼码字对，s 是对应比特流的当前状态值。值得注意的是，上述函数式 (4.6) 和逆函数式 (4.7) 对码表 k 是透明的，每个码

表都可形成对应的映射表。

4.2.3　失真函数设计

失真函数设计是自适应隐写方法的重要研究内容之一，它将影响隐写算法的安全性。隐写嵌入时哈夫曼码字替换将导致频域系数发生改变，引起感知和统计上的失真。如何控制总的隐写失真，保证算法的安全性和感知透明性，需要建立数学模型来求解，即失真函数构造问题。假定由码字替换引起的失真是相互独立的，那么隐写的总失真可以表示为一个加性失真函数 $D(X, Y)$，即

$$D(X, Y) = \sum_{i=1}^{n} \rho_i(h_i, h_i') \tag{4.8}$$

其中，X 和 Y 分别表示载体音频和对应的载密音频，$\rho_i(h_i, h_i')$ 表示在第 i 个可嵌入位置由哈夫曼码字对 (h, h') 替换引起的嵌入失真，n 是可嵌入位置总数。下面介绍一种每个嵌入位置的修改失真计算方法。

人耳可感知的频带范围通常是 20 Hz ~ 20 kHz，对不同频带的敏感度不同。由大量实验得到的绝对听觉阈值曲线描述了在静音环境中，一个纯音需要具备多少能量才能被人耳听见，它反映了人耳对各个频带的敏感程度。绝对听觉阈值曲线的数学表达式为

$$T_f = 3.64 \times \left(\frac{f}{1000}\right)^{-0.8} - 6.5 \mathrm{e}^{-0.6 \times (\frac{f}{1000} - 3.3)^2} + 10^{-3} \times \left(\frac{f}{1000}\right)^4 \tag{4.9}$$

其中，f 表示频率，T_f 表示其对应的绝对听觉阈值。若 T_f 越小，则人耳对此频段的音频信号越敏感。因此修改发生在人耳越敏感的频段，越容易引起失真。

除频带对修改失真的影响外，码字替换本身也引入了嵌入失真。以大值区嵌入为例 (图 4.4)，由于嵌入操作，哈夫曼码字替换会造成码字解码得到的频域系数对发生相应的改变。例如，哈夫曼码字 h_i 经过嵌入操作被替换为 h_i'，相应的频域系数对 $\langle x_i, y_i \rangle$ 变为 $\langle x_i', y_i' \rangle$，这将造成音频质量失真和哈夫曼码字的统计特征改变。如何度量码字替换引起的嵌入失真，下面给出一种利用欧式空间距离的度量方法。

计算哈夫曼码字替换对载体造成的扰动，可以考虑使用两个码字对应频域系数的距离来衡量，曼哈顿距离是一种典型的距离度量方法。以 $\langle x_i, y_i \rangle$ 为例，如果哈夫曼码字替换后系数对变为 $\langle x_i', y_i' \rangle$，则码字替换的失真 d_i 可以由曼哈顿距离来定义，即

$$d_i = \left| x_i' - x_i \right| + \left| y_i' - y_i \right| \tag{4.10}$$

同样地，小值区码字替换的失真值也可以采用上述方式计算。

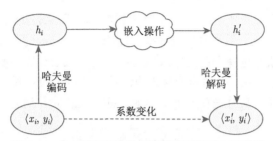

图 4.4 哈夫曼码字替换引起频域系数变化示意图

根据上述分析,哈夫曼码字替换的幅度和修改码字所处的频带位置都将影响嵌入失真的大小。因此,结合式 (4.9) 和式 (4.10),我们定义码字替换的修改代价 ρ_i 为

$$\rho_i = \frac{d_i}{\log_2\left(\dfrac{t_{2i} + t_{2i+1}}{2} + \sigma\right)} = \frac{\left|x_i' - x_i\right| + \left|y_i' - y_i\right|}{\log_2\left(\dfrac{t_{2i} + t_{2i+1}}{2} + \sigma\right)} \tag{4.11}$$

其中,i 是哈夫曼码字 h_i 在码流中的索引;t_{2i} 表示第 $2i$ 个频线处的绝对听觉阈值,即 $T_f(2i)$ 的值;σ 为常数以保证对数运算的正确性,并降低极端值的影响。从式 (4.10) 可知,失真代价包括两部分,前半部分表示听觉敏感系数,d_i 采用曼哈顿距离来度量修改失真。

由式 (4.11) 可知,所处频带对人耳越敏感、替换码字的空间距离越大,则嵌入修改的代价越大。依据计算的修改代价,再结合 STC 隐写码就能够获得总失真最小的最优嵌入算法。具体是实现方式与图像中 STC 码相同,在此不展开赘述。

4.3 码字符号位修改方法

第 4.2 节介绍了基于熵码字替换的隐写方法,它通过构造哈夫曼码字映射表来编码隐藏信息。本节将介绍一种更简单的隐写方法,即码字符号位修改方法。它不需要提前构造映射表,能够直接在码字符号位嵌入信息。基于码字符号位的隐写研究成果不多,Dong 等[46] 提出在大值区哈夫曼码字符号位直接嵌入隐藏信息,并依据系数绝对值的大小确定嵌入规则和调整负载率。Zhou 等[47] 提出了一种基于小值区系数符号位的 MP3 音频隐写算法,该算法将信息嵌入到每组小值区系数的最后一个系数的符号位。Yang 等[48] 利用修改代价和 STC 隐写码,提出了一种自适应 MP3 符号位隐写方法,提高了算法的抗隐写分析安全性。下面基于此方法来介绍码字符号位隐写方法的原理和流程。

4.3.1 隐写嵌入流程及算法框架

在 MP3 编码过程中,非零的量化系数都存在符号位 (1 个比特表示),当系数值大于 0 时,符号位为 "0";当系数值小于 0 时,符号位为 "1"。系数符号位的嵌入算法流程如图 4.5 所示，主要分为三个部分，即系数符号位选择、代价函数构造、STC 编码嵌入。系数符号位选择通过分析系数修改对隐写算法各性能的影响，确定系数阈值并选择合适的修改策略；代价函数设计实现基于统计特征和感知特征的失真度量算法，计算每个嵌入点的修改代价；STC 编码依据失真函数选择最优的嵌入路径，在总失真最小下实现将秘密信息嵌入到选定的系数符号位。

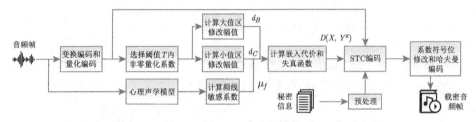

图 4.5　自适应符号位修改的 MP3 隐写算法流程

4.3.2　系数符号位的选择

编码量化系数分布具有广义的拉普拉斯分布特点，系数分布关于零值对称，因此系数符号位修改不会影响其对称性，但是如果修改某些大值系数的符号位将引起显著的听觉变化。如何选择合适的符号位置进行修改嵌入是隐写算法首要解决的问题，它将影响到隐写算法的安全性和负载率的平衡，是否能够达到最优的安全负载临界点。

根据 MP3 标准的哈夫曼编码特点，大值区和小值区的系数都需要进行哈夫曼编码，并且所有的非零系数的符号位都是一个比特，零值区系数不需要编码。因此，所有的非零系数的符号位都可以被利用来编码隐藏信息，并且最大的隐藏负载率是 1 比特/非零系数。嵌入操作需要修改系数的符号位，也即反转量化系数的值。例如，$-1 \rightarrow 1$、$12 \rightarrow -12$。对于绝对值较大的系数，翻转其符号位将造成的系数修改幅度很大，从而引起较严重的感知失真。为了避免对大值系数的修改，算法通过设置系数阈值 T 的方式，控制嵌入时可选用的修改系数范围。当系数绝对值大于预设的阈值时，则当前系数的符号位不用来进行信息嵌入。表 4.1 列出了在不同阈值 T 下符合嵌入条件的系数符号位个数占比。从表中可以发现，码率和阈值 T 越大可利用的嵌入位置比重越大。当 $T = 4$ 时，可用系数约占总系数的 1/5，并且当 $T > 3$ 后占比增长缓慢。

表 4.1　不同阈值和码率下可用系数占比

	$T = 1$	$T = 2$	$T = 3$	$T = 4$
128 kbps	6.4%	14.6%	17.2%	18.4%
320 kbps	7.8%	17.5%	20.5%	22.9%

依次按照每个颗粒顺序遍历大值区和小值区的量化系数 x_j，其符号位用 $C(x_j)$ 表示。使用式 (4.12) 计算基于符号位嵌入的可隐写载体比特流：① 当 $0 < x_j \leqslant T$ 时，则表示当前系数符号位是可用的并且载体比特值为 "0"，即 $C(x_j) = 0$；② 当 $-T \leqslant x_j < 0$ 时，则表示当前系数符号位也是可用的并且载体比特值为 "1"，即 $C(x_j) = 1$；③ 其他情形则表示当前系数符号位不可用，跳过此系数继续遍历。最后将大值区与小值区的可用符号位做拼接，得到比特串 C 即为载体比特流。

$$C(x_j) = \begin{cases} 0, & 0 < x_j \leqslant T \\ 1, & -T \leqslant x_j < 0 \\ N/A, & \text{其他} \end{cases} \tag{4.12}$$

载体比特流 C 经过 STC 隐写编码后，获得载密的符号位比特向量 S。依据 S 各分量值可以判定是否需要翻转原始的符号位比特，修改后的系数值 x_j' 计算如式 (4.13) 所示。即当 $S(x_j) \neq C(x_j)$ 时，隐写算法将对原始系数的符号位做翻转，否则不修改原始系数符号位。

$$x_j' = \begin{cases} |x_j|, & S(x_j) = 0 \\ -|x_j|, & S(x_j) = 1 \end{cases} \tag{4.13}$$

4.3.3 失真函数设计

隐写算法在信息嵌入过程中，虽然没有对系数绝对值做直接修改，但是系数符号位修改将造成系数值的修改幅度变成其绝对值的两倍，嵌入操作对载体造成的失真也会更大。因此，系数符号位的修改特性与码字替换有明显区别。在 4.2.3 小节中介绍了一种利用码字替换的曼哈顿距离和静音阈值曲线来构造失真函数的方法，它同样也适用于符号位隐写方法。通过调研发现，已有的隐写分析方法[49,50] 都是基于马尔可夫 (Markov) 模型设计的隐写分析特征，因此下面介绍一种基于马尔可夫特征保持的代价函数构造方法。

1) 马尔可夫特征分析

Jin 等[49,50] 提出的 MP3 隐写分析特征，包括已有的其他盲隐写分析特征，大部分都是基于嵌入域系数的统计特性设计的，并且两种算法中都使用马尔可夫特征模型。为提高隐写算法的抗检测能力，可以针对嵌入操作对频域系数的统计分布造成的扰动进行代价函数设计。接下来，首先分析检测算法中的马尔可夫特征的计算方法。

以 MP3 音频样本为例，分析算法先将每个颗粒包含的部分或全部 QMDCT 系数 Q_{ij}（或 $Q_{i,j}$）$(j = 1, \cdots, 576)$ 作为系数矩阵的一行，将多个颗粒组合成一个二维系数矩阵 S_{QMDCT}。如式 (4.14) 所示，其中 Q_{ij} 表示第 i 个颗粒的第 j 个量化系数。在 Jin[49] 提出的算法中，S_{QMDCT} 取 200×200 的二维矩阵，即仅提取立体声道 MP3 文件的前 50 帧和每个颗粒的前 200 个系数。进一步可以计算系数矩阵 S_{QMDCT} 的行差分矩阵为 D_{QMDCT} 和绝对值的行差分矩阵为 $D_{\text{QMDCT\_ABS}}$。

$$S_{\text{QMDCT}} = \begin{pmatrix} Q_{11} & \cdots & Q_{1j} \\ \vdots & & \vdots \\ Q_{i1} & \cdots & Q_{ij} \end{pmatrix} \tag{4.14}$$

$$D_{\text{QMDCT}} = \begin{pmatrix} \text{QD}_{11} & \cdots & \text{QD}_{1n} \\ \vdots & & \vdots \\ \text{QD}_{m1} & \cdots & \text{QD}_{mn} \end{pmatrix} \tag{4.15}$$

$$D_{\text{QMDCT\_ABS}} = \begin{pmatrix} \text{AQD}_{11} & \cdots & \text{AQD}_{1n} \\ \vdots & & \vdots \\ \text{AQD}_{m1} & \cdots & \text{AQD}_{mn} \end{pmatrix} \tag{4.16}$$

其中，$\text{QD}_{m,n}$ 和 $\text{AQD}_{m,n}$ 的计算式为

$$\text{QD}_{m,n} = Q_{m+1,n} - Q_{m,n} \tag{4.17}$$

$$\text{AQD}_{m,n} = |Q_{m+1,n}| - |Q_{m,n}| \tag{4.18}$$

MP3 音频以帧为单位进行独立编码，由于每帧采取不同的编码参数，以及帧间系数在时间上是不连续的，所以帧间系数之间的相关性较弱；相反地，帧内系数之间具有较强的相关性。根据 Ren 等[50] 对 AAC 码流的分析，在进行隐写分析时频域系数的帧内特征优于帧间特征。MP3 与 AAC 的编码原理相似，帧间与帧内系相关性规律也一致。因此，为提高隐写算法的抗分析能力，需尽可能保持频域系数在帧内的统计特性。隐写检测算法中，帧内系数的统计特征计算式分别为

$$P_{\text{Intra}} = \frac{\sum_{i=1}^{200}\sum_{j=1}^{199}\delta(Q_{i,j}=x, Q_{i,j+1}=y)}{\sum_{i=1}^{200}\sum_{j=1}^{199}\delta(Q_{i,j}=x)} \tag{4.19}$$

$$P_{\text{D\_Intra}} = \frac{\sum_{m=1}^{199}\sum_{n=1}^{199}\delta(\text{QD}_{m,n}=x, \text{QD}_{m,n+1}=y)}{\sum_{m=1}^{199}\sum_{n=1}^{199}\delta(\text{QD}_{m,n}=x)} \tag{4.20}$$

$$P_{\mathrm{AD\_Intra}} = \frac{\sum\limits_{m=1}^{199}\sum\limits_{n=1}^{199}\delta(\mathrm{AQD}_{m,n}=x, \mathrm{AQD}_{m,n+1}=y)}{\sum\limits_{m=1}^{199}\sum\limits_{n=1}^{199}\delta(\mathrm{AQD}_{m,n}=x)} \tag{4.21}$$

其中，$\delta(X=x, Y=y) = \begin{cases} 1, & X=x, Y=y \\ 0, & \text{其他} \end{cases}$。

2) 统计特征保持的代价函数设计

通过前面的分析，音频帧内频域系数比帧间系数之间具有更强的相关性。所以，隐写算法对帧内系数统计特性的扰动较大。为提高算法抗检测能力，信息嵌入时要尽可能保持帧内系数的统计特性，这也是失真函数设计的初衷。由于基于系数符号位的隐写算法只修改频域系数的符号位，不会改变系数的绝对值。因此嵌入操作只会影响 P_{Intra} 和 $P_{\mathrm{D\_Intra}}$。

记 $P_{t(x,y)} = \sum_{i=1}^{200}\sum_{j=1}^{199}\delta(Q_{i,j}=x, Q_{i,j+1}=y)$，$P_{s(x)} = \sum_{i=1}^{200}\sum_{j=1}^{199}\delta(Q_{i,j}=x)$，$P_{Dt(p,q)} = \sum_{m=1}^{199}\sum_{n=1}^{199}\delta(QD_{m,n}=p, QD_{m,n+1}=q)$，$P_{Ds(p)} = \sum_{m=1}^{199}\sum_{n=1}^{199}\delta(QD_{m,n}=p)$。如果嵌入信息时系数符号位发生翻转，即系数 C_i 的值由 x 变为 $-x$，则 C_i 与其邻接系数 C_{i-1} 和 C_{i+1} 的相对关系和一阶差分的相对关系会发生改变。相应统计量改变后的值如下所示：

$$\begin{cases} P'_{t(x,y)} = P_{t(x,y)} - 1 \\ P'_{s(x)} = P_{s(x)} - 1 \\ P'_{t(-x,y)} = P_{t(-x,y)} + 1 \\ P'_{s(-x)} = P_{s(-x)} + 1 \\ P'_{t(z,x)} = P_{t(z,x)} - 1 \\ P'_{t(z,-x)} = P_{t(z,-x)} + 1 \end{cases} \tag{4.22}$$

$$\begin{cases} P'_{Dt(p,q)} = P_{Dt(p,q)} - 1 \\ P'_{Ds(p)} = P_{Ds(p)} - 1 \\ P'_{Dt(p+2x,q)} = P_{Dt(p+2x,q)} + 1 \\ P'_{Ds(p+2x)} = P_{Ds(p+2x)} + 1 \\ P'_{Dt(s,p)} = P_{Dt(s,p)} - 1 \\ P'_{Dt(s)} = P_{Dt(s)} - 1 \\ P'_{Dt(s-2x,p+2x)} = P_{Dt(s-2x,p+2x)} + 1 \\ P'_{Dt(s-2x)} = P_{Dt(s-2x)} + 1 \end{cases} \tag{4.23}$$

依据上面两式可以计算修改系数 x 的符号位对 P_{Intra} 和 $P_{\mathrm{D\_Intra}}$ 的影响强

度，如下所示：

$$\Delta P_{\text{Intra}} = \left| \frac{P'_{t(x,y)}}{P'_{s(x)}} - \frac{P_{t(x,y)}}{P_{s(x)}} \right| + \left| \frac{P'_{t(-x,y)}}{P'_{s(-x)}} - \frac{P_{t(-x,y)}}{P_{s(-x)}} \right|$$
$$+ \left| \frac{P'_{t(z,x)}}{P_{s(z)}} - \frac{P_{t(z,x)}}{P_{s(z)}} \right| + \left| \frac{P'_{t(z,-x)}}{P_{s(z)}} - \frac{P_{t(z,-x)}}{P_{s(z)}} \right| \tag{4.24}$$

$$\Delta P_{\text{D\_Intra}} = \left| \frac{P'_{Dt(p,q)}}{P'_{Ds(p)}} - \frac{P_{Dt(p,q)}}{P_{Ds(p)}} \right| + \left| \frac{P'_{Dt(p+2x,q)}}{P'_{Ds(p+2x)}} - \frac{P_{Dt(p+2x,q)}}{P_{Ds(p+2x)}} \right|$$
$$+ \left| \frac{P'_{Dt(s,p)}}{P_{Ds(s)}} - \frac{P_{Dt(s,p)}}{P_{Ds(s)}} \right| + \left| \frac{P'_{Dt(s-2x,p+2x)}}{P_{Ds(s-2x)}} - \frac{P_{Dt(s-2x,p+2x)}}{P_{Ds(s-2x)}} \right| \tag{4.25}$$

根据大量实验统计发现，接近 99% 的 QMDCT 系数取值在区间 $[-15, 15]$ 内，所以在上述公式中当 QMDCT 系数的绝对值超过 15 时将被截断。每个系数符号位嵌入的修改代价 ρ 定义为

$$\rho = \alpha \Delta P_{\text{Intra}} + \beta \Delta P_{\text{D\_Intra}} \tag{4.26}$$

其中，α 和 β 分别为系数一阶转移概率和一阶差分转移概率的权重。当 ΔP_{Intra} 和 $\Delta P_{\text{D\_Intra}}$ 的值愈大时，表示修改当前系数的符号位对 P_{Intra} 和 $P_{\text{D\_Intra}}$ 的影响强度愈大，因此嵌入代价也越大。

4.4　Linbits 位修改方法

根据 MP3 编码标准，系数绝对值超过 15 的 QMDCT 系数在哈夫曼编码时都存在 linbits 位，用来编码大值系数的溢出值。存在 linbits 位的大值系数占比很低、分布稀疏，因此 linbits 位嵌入方法的负载率较低，统计特征修改较不明显。Linbits 位隐写操作很简单，是采用 LSB 基本嵌入方式来实现的，由于每张哈夫曼码表的 linbits 位长度是固定的 (定长编码)，因此修改 linbits 位并不改变原始哈夫曼码流的结构。针对 linbits 位隐写方法的研究不多，主要的相关研究有以下几种。

Kim 等[51] 提出利用 MP3 编码中第 16 号码表 linbits 的 LSB 位，以及第 17 ~ 31 号码表 linbits 的最低两位来隐藏信息。Dong[46] 提出了一种基于 MP3 哈夫曼码字 linbits 位的隐写算法，它通过修改第 16 ~ 31 号码表中码字 linbits 位的最低 1、2 或 3 位来嵌入信息，具体修改几个最低比特平面是由码表序号确定的。Wang 等[52] 提出了一种针对 MPEG-2 AAC 压缩音频的信息隐藏算法，它

在 escape_word 中嵌入秘密消息,若 escape_prefix 的长度为 0 则采用 LSB 嵌入,否则采用最低两位嵌入。但是,当前还未提出基于 linbits 位嵌入的自适应隐写方法。

依据哈夫曼码流结构和量化系数的分布特点,linbits 位域比系数符号位域和码字替换域的可利用空间要小很多,因此 linbits 位嵌入域的隐写负载率较低。为了提高隐写容量,可以在某些位置使用更大强度的嵌入方式,即采用多个最低位嵌入代替 LSB 嵌入方式。隐写消息的嵌入计算式可以表示为

$$y_i = x_i - x_i \bmod 2^k + m \tag{4.27}$$

其中,x_i 和 y_i 分别是第 i 个系数的 linbits 位嵌入前和嵌入后的数值,m 表示嵌入消息的数值,k 表示嵌入强度,即所使用的最低比特位个数。我们约定当前嵌入消息 m 的比特位数等于 k 比特。相应的消息提取计算式为

$$m = y_i \bmod 2^k \tag{4.28}$$

通过心理声学模型发现,人耳最敏感的声音频率是 $3 \sim 4$ kHz 的低频段,该频段一般位于大值区。因此,可以利用块类型选择限制大值区的嵌入位置,更好地保持算法的感知透明性。据此,Dong[46] 提出了基于不同块类型来设计嵌入规则,依据每个颗粒中所使用的块类型和比例因子带的序号动态地选取嵌入位置。

4.5 通用的音频隐写分析

第 3 章介绍了音频的专用隐写分析方法,它们是针对特定算法设计的,所以通用性一般较弱。通用隐写分析则比专用隐写分析具有更强的普适性,可以检测出多种隐写方法甚至是未知的新方法。一般地,通用隐写分析模型 (盲隐写分析模型) 包括隐写特征设计和分类器选取,但是随着机器学习的发展出现了基于深度学习 (deep learning) 的隐写分析方法,它不需要预先设计特征而是利用神经网络自动地完成特征学习。本节重点介绍一些经典的通用隐写分析特征及基于深度学习的隐写分析方法,而对于盲隐写分析模型和分类器选择等内容与图像和视频的隐写分析方法相同,在此将不再赘述。特别地,一些分析特征可以同时应用于多种嵌入域,但不同应用方式对盲分析的有效性 (含适用范围和检测准确性等) 有影响。

4.5.1 马尔可夫特征集

马尔可夫 (Markov) 特征是最朴素而有效的隐写分析特征之一,在假定隐写嵌入域是一种服从马尔可夫链的随机过程下,利用隐写操作会改变马尔可夫链的

状态转移概率矩阵等特点来设计检测特征。马尔可夫特征计算简单，并且对某些隐写算法在低嵌入率下也具有较好的检测效果。但是由于变量的状态数和样本分量数量都很大，因此一般马尔可夫特征的维度都很高。在实际应用中，通常都需要对某些状态值、特征分量进行筛选与优化来降维，去除某些对检测影响较小的分量和训练中过拟合的分量，以满足实际计算代价和检测率的要求。马尔可夫特征在音频隐写分析中的应用形式有很多种，涵盖时域和压缩域等，下面以 MP3 音频的 QMDCT 系数为例来说明马尔可夫特征的计算过程[49]。

(1) 提取待测 MP3 音频的 QMDCT 系数矩阵 C_Q 为

$$C_Q = (c_{mn})_{M \times N} = \begin{pmatrix} c_{11} & \cdots & c_{1N} \\ \vdots & & \vdots \\ c_{M1} & \cdots & c_{MN} \end{pmatrix} \tag{4.29}$$

其中，C_Q 的每个行向量 $(c_{m\bullet})$ $(1 \leqslant m \leqslant M)$ 表示 MP3 帧中的一个颗粒；M 为音频文件的颗粒总数，它可以控制单次检测的粒度，M 值越小检测粒度越细。依照 MP3 编码标准 N 的值为 576，但是根据实际应用需要 M 和 N 值可以灵活选取。例如，从每个颗粒中 QMDCT 系数的分布可知，大约位于后 1/3 的 QMDCT 系数都属于零值区，对特征的计算没有实质作用，因此可以减小 N 的取值。

(2) 计算 C_Q 的差分矩阵 D_Q 和绝对值差分矩阵 D_{AQ} 分别为

$$D_Q = (d_{mn})_{(M-1) \times N} = \begin{pmatrix} d_{11} & \cdots & d_{1N} \\ \vdots & & \vdots \\ d_{M-1,1} & \cdots & d_{M-1,N} \end{pmatrix} \tag{4.30}$$

$$D_{AQ} = (d'_{mn})_{(M-1) \times N} = \begin{pmatrix} d'_{11} & \cdots & d'_{1N} \\ \vdots & & \vdots \\ d'_{M-1,1} & \cdots & d'_{M-1,N} \end{pmatrix} \tag{4.31}$$

其中，$d_{mn} = c_{m+1,n} - c_{mn}$ 和 $d'_{mn} = |c_{m+1,n}| - |c_{mn}|$。

(3) 依据马尔可夫链的状态转移原理，可以分别计算 C_Q、D_Q 和 D_{AQ} 的一阶转移概率。

帧间转移概率 (行方向) 为

$$P_{C_Q\_\text{Inter}} = \frac{\sum_{i=1}^{M-1} \sum_{j=1}^{N} \delta(c_{ij} = x,\ c_{i+1,j} = y)}{\sum_{i=1}^{M-1} \sum_{j=1}^{N} \delta(c_{ij} = x)} \tag{4.32}$$

$$P_{D_{Q}\_\text{Inter}} = \frac{\sum\limits_{i=1}^{M-2}\sum\limits_{j=1}^{N}\delta(d_{ij}=x,\ d_{i+1,j}=y)}{\sum\limits_{i=1}^{M-2}\sum\limits_{j=1}^{N}\delta(d_{ij}=x)} \tag{4.33}$$

$$P_{D_{AQ}\_\text{Inter}} = \frac{\sum\limits_{i=1}^{M-2}\sum\limits_{j=1}^{N}\delta(d'_{ij}=x,d'_{i+1,j}=y)}{\sum\limits_{i=1}^{M-2}\sum\limits_{j=1}^{N}\delta(d'_{ij}=x)} \tag{4.34}$$

帧内转移概率 (列方向) 为

$$P_{C_{Q}\_\text{Intra}} = \frac{\sum\limits_{i=1}^{M}\sum\limits_{j=1}^{N-1}\delta(c_{ij}=x,\ c_{i,j+1}=y)}{\sum\limits_{i=1}^{M}\sum\limits_{j=1}^{N-1}\delta(c_{ij}=x)} \tag{4.35}$$

$$P_{D_{Q}\_\text{Intra}} = \frac{\sum\limits_{i=1}^{M-1}\sum\limits_{j=1}^{N-1}\delta(d_{ij}=x,\ d_{i,j+1}=y)}{\sum\limits_{i=1}^{M-1}\sum\limits_{j=1}^{N-1}\delta(d_{ij}=x)} \tag{4.36}$$

$$P_{D_{AQ}\_\text{Intra}} = \frac{\sum\limits_{i=1}^{M-1}\sum\limits_{j=1}^{N-1}\delta(d'_{ij}=x,d'_{i,j+1}=y)}{\sum\limits_{i=1}^{M-1}\sum\limits_{j=1}^{N-1}\delta(d'_{ij}=x)} \tag{4.37}$$

在式 (4.32)$\sim$ 式(4.37) 中, $\delta(X=x,Y=y)=\begin{cases} 1, & X=x,Y=y \\ 0, & \text{其他} \end{cases}$。其中, $x,y\in$ $[-T,T]$, T 为状态量阈值。

(4) 为了降低特征向量维度, 可以通过调节阈值 T, 同时可以对式 (4.34)$\sim$ 式(4.37) 的特征进行优化选择, 具体选择条件如下。

$P_{D_{AQ}\_\text{Inter}}$ 特征优化条件为

$$
\begin{cases}
\left| \mu\left(\left\{ P_{D_{AQ\_Inter}}^{S_i}(x,y) \right\}_{i=1}^{I} \right) - \mu\left(\left\{ P_{D_{AQ\_Inter}}^{C_i}(x,y) \right\}_{i=1}^{I} \right) \right| > \varepsilon_{\text{Inter\_mean}} \\
\sigma\left(\left\{ P_{D_{AQ\_Inter}}^{S_i}(x,y) \right\}_{i=1}^{I} \right) < \varepsilon_{\text{Inter\_std}}
\end{cases}
\tag{4.38}
$$

$P_{D_{AQ\_Intra}}$ 特征优化条件为

$$
\begin{cases}
\left| \mu\left(\left\{ P_{D_{AQ\_Intra}}^{S_i}(x,y) \right\}_{i=1}^{I} \right) - \mu\left(\left\{ P_{D_{AQ\_Intra}}^{C_i}(x,y) \right\}_{i=1}^{I} \right) \right| > \varepsilon_{\text{Intra\_mean}} \\
\sigma\left(\left\{ P_{D_{AQ\_Intra}}^{S_i}(x,y) \right\}_{i=1}^{I} \right) < \varepsilon_{\text{Intra\_std}}
\end{cases}
\tag{4.39}
$$

在式 (4.38) 和式 (4.39) 中，$\mu(\cdot)$ 和 $\sigma(\cdot)$ 分别是均值函数和标准差函数；S_i 和 C_i 分别表示第 i 个隐写音频样本和载体音频样本；I 是样本对总数；$\varepsilon_{\text{Inter\_mean}}$、$\varepsilon_{\text{Inter\_std}}$、$\varepsilon_{\text{Intra\_mean}}$、$\varepsilon_{\text{Intra\_std}}$ 是对应的阈值；$x,\ y \in [-T', T']\ (T' < T)$。

马尔可夫特征的维度与 T 值选取和特征优选有关，若不考虑特征优选条件，则特征维度为 $6(2T+1)^2$ 维。Wang 等[53] 对马尔可夫特征进行了改进，利用块内块间的相关性特点，通过引入 2×2 分块均值的马尔可夫特征来提高隐写对块内和块间量化系数相关性的区分度。

4.5.2　MDI2 特征

为了综合利用编码特点、位置相关性和不同统计量在特征设计上的优势，Ren 等[50] 针对 AAC 音频分别分析比较了块类型、帧内-帧间相关性、差分阶数和统计量对检测准确性的影响，其中块类型包括长块和短块、差分阶数包括一阶差分和二阶差分、统计量特征包括马尔可夫转移概率和累计邻接联合密度。然后提出了帧内帧间 MDCT 系数差分 (MDCT difference between intra-frame and inter-frame, MDI2) 的隐写分析特征，MDI2 特征的具体计算方法如下。

步骤 1：记 MDCT 系数矩阵为 $M_{N \times 1024} = [f_1, f_2, \cdots, f_i, \cdots, f_N]$，其中，$N$ 是 AAC 的总帧数，f_i 表示第 i 个 AAC 帧的 MDCT 系数列向量 (如果是短帧类型则只有 128 个 MDCT 系数)。

步骤 2：分别计算 MDCT 系数矩阵的帧间和帧内的一阶差分矩阵和二阶差分矩阵 M_1^{inter}、M_2^{inter}、M_1^{intra} 和 M_2^{intra}，计算式为

$$
M_1^{\text{inter}} : x_{rc} = M(r+1, c) - M(r, c)
\tag{4.40}
$$

$$
M_2^{\text{inter}} : x_{rc} = M(r, c) + M(r+2, c) - 2M(r+1, c)
\tag{4.41}
$$

$$
M_1^{\text{intra}} : x_{rc} = M(r, c+1) - M(r, c)
\tag{4.42}
$$

$$M_2^{\text{intra}} : x_{rc} = M(r,c) + M(r,c+2) - 2M(r,c+1) \tag{4.43}$$

其中，x_{rc} 表示矩阵第 r 行第 c 列的元素。

步骤 3：为了降低计算开销，需要对上述矩阵中的元素值按照阈值 T 进行截断，具体操作方式为

$$x_{rc} = \begin{cases} T, & x_{rc} \geqslant T \\ x_{rc}, & -T < x_{rc} < T \\ -T, & x_{rc} \leqslant -T \end{cases} \tag{4.44}$$

步骤 4：分别计算上述 4 个差分矩阵的马尔可夫转移概率子特征 $\text{IM}(m,n)$ 和累积邻接联合密度子特征 $\text{INJ}(m,n)$，计算式为

$$\text{IM}(m,n) = \frac{\sum \delta(x_{rc} = m, x_{r+k_1,c+k_2} = n)}{\sum \delta(x_{rc} = m)} \tag{4.45}$$

$$\text{INJ}(m,n) = \frac{\sum \delta(x_{rc} = m, x_{r+k_1,c+k_2} = n)}{(N_r - k_1) \times (N_c - k_2)} \tag{4.46}$$

其中，δ 函数的定义与 4.5.1 小节中相同，N_r 和 N_c 分别表示差分矩阵的总行数和总列数，计算帧间特征时采用垂直方向（即 $k_1 = 1$，$k_2 = 0$），而计算帧间特征时采用水平方向（即 $k_1 = 0$，$k_2 = 1$）。

在步骤 1 中，长块的 MDCT 系数矩阵 $M_{N \times 1024}$ 可以等效地分解成 8 个短块的 MDCT 系数矩阵 $M_{N \times 128}$。MDI2 特征的维度也与截断阈值 T 有关，其特征维度为 2 种块类型 $\times 4$ 个差分矩阵 $\times 2$ 种分析子特征 $\times (2T+1)^2 = 16(2T+1)^2$ 维。

4.5.3 共生矩阵特征

共生矩阵特征 [54] 是利用 QMDCT 系数矩阵的共生矩阵来计算高阶统计量，主要有水平方向、垂直方向、45° 方向和 135° 方向的共生矩阵，每个方向的共生矩阵可以获得 12 个高阶统计特征，共有 48 个高阶统计特征。共生矩阵和高阶统计量的计算方法如下。

(1) 依据式 (4.29) 计算水平方向共生矩阵 $C_{\text{CO}}^{\rightarrow}$、垂直方向共生矩阵 $C_{\text{CO}}^{\uparrow}$、45° 方向共生矩阵 $C_{\text{CO}}^{\nearrow}$ 和 135° 方向共生矩阵 $C_{\text{CO}}^{\nwarrow}$ 分别为

$$\begin{cases} C_{\text{CO}}^{\rightarrow} = (\text{co}_{mn}^{\rightarrow})_{M \times N} \\ C_{\text{CO}}^{\uparrow} = (\text{co}_{mn}^{\uparrow})_{M \times N} \\ C_{\text{CO}}^{\nearrow} = (\text{co}_{mn}^{\nearrow})_{M \times N} \\ C_{\text{CO}}^{\nwarrow} = (\text{co}_{mn}^{\nwarrow})_{M \times N} \end{cases} \tag{4.47}$$

$$\text{co}_{mn}^{\rightarrow} = \sum_{u=1}^{M} \sum_{v=1}^{N-d-1} \delta(c_{uv} = m, c_{u,v+d} = n) \tag{4.48}$$

$$\text{co}_{mn}^{\uparrow} = \sum_{u=1}^{M-d-1} \sum_{v=1}^{N} \delta(c_{uv} = m, c_{u+d,v} = n) \tag{4.49}$$

$$\text{co}_{mn}^{\nearrow} = \sum_{u=1}^{M-d-1} \sum_{v=1}^{N-d-1} \delta(c_{uv} = m, c_{u+d,v+d} = n) \tag{4.50}$$

$$\text{co}_{mn}^{\nwarrow} = \sum_{u=1}^{M-d-1} \sum_{v=1}^{N-d-1} \delta(c_{u+d,v} = m, c_{u,v+d} = n) \tag{4.51}$$

在式 (4.48)~ 式(4.51) 中，d 表示共生矩阵的步长。

(2) 依据式 (4.47)~ 式(4.51) 可以计算每个共生矩阵的 12 个高阶统计量为

$$F_1^{\otimes} = \sum_{m=1}^{M} \sum_{n=1}^{N} \left(\text{co}_{mn}^{\otimes}\right)^2 \tag{4.52}$$

$$F_2^{\otimes} = \max_{m,n} \text{co}_{mn}^{\otimes} \tag{4.53}$$

$$F_3^{\otimes} = -\sum_{m=1}^{M} \sum_{n=1}^{N} \text{co}_{mn}^{\otimes} \log_2 \text{co}_{mn}^{\otimes} \tag{4.54}$$

$$F_4^{\otimes} = \sum_{m=1}^{M} \sum_{n=1}^{N} \frac{\text{co}_{mn}^{\otimes}}{1 + (m-n)^2} \tag{4.55}$$

$$F_5^{\otimes} = \sum_{m=1}^{M} \sum_{n=1}^{N} \text{co}_{mn}^{\otimes}(u - W^{\otimes})^2 \tag{4.56}$$

$$F_6^{\otimes} = \frac{\displaystyle\sum_{m=1}^{M} mU_m^{\otimes} \sum_{n=1}^{N} nV_n^{\otimes}}{\displaystyle\sum_{m=1}^{M} \left(m - \sum_{m=1}^{M} mU_m^{\otimes}\right)^2 U_m^{\otimes} \sum_{n=1}^{N} \left(n - \sum_{n=1}^{N} nV_n^{\otimes}\right)^2 V_n^{\otimes}} \tag{4.57}$$

$$F_7^{\otimes} = -\sum_{m=1}^{M} U_m^{\otimes} \log_2 U_m^{\otimes} \tag{4.58}$$

$$F_8^{\otimes} = -\sum_{n=1}^{N} V_n^{\otimes} \log_2 V_n^{\otimes} \tag{4.59}$$

$$F_9^{\otimes} = -\sum_{m=1}^{M} \sum_{n=1}^{N} \text{co}_{mn}^{\otimes} \log_2 U_m^{\otimes} V_n^{\otimes} \tag{4.60}$$

$$F_{10}^{\otimes} = -\sum_{m=1}^{M}\sum_{n=1}^{N} U_m^{\otimes} V_n^{\otimes} \log_2 U_m^{\otimes} V_n^{\otimes} \tag{4.61}$$

$$F_{11}^{\otimes} = -\sum_{m=1}^{M} \text{co}_{mn}^{\otimes} \log_2 \text{co}_{mn}^{\otimes} \tag{4.62}$$

$$F_{12}^{\otimes} = -\sum_{m=1}^{M} \text{co}_{m,M-m}^{\otimes} \log_2 \text{co}_{m,M-m}^{\otimes} \tag{4.63}$$

在式 (4.52)~ 式(4.63) 中,$W^{\otimes} = \dfrac{1}{MN}\sum\limits_{m=1}^{M}\text{co}_{mn}^{\otimes}$、$U_m^{\otimes} = \sum\limits_{n=1}^{N}\text{co}_{mn}^{\otimes}$、$V_m^{\otimes} = \sum\limits_{m=1}^{M}\text{co}_{mn}^{\otimes}$,
方向指示器 $\otimes$ 表示 →、↑、↗、↖。

4.5.4 基于深度学习的隐写分析

深度学习近期受到了各领域科研人员的热捧,是一个很有潜力的研究方向,它已被广泛应用于图像分类、语音识别、目标跟踪及语义分割等众多领域。深度学习技术发展迅速,形成了一系列研究成果。例如,最具代表性的深度学习网络模型有 LeNet[55]、AlexNet[56]、VGG[57]、GoogleNet[58]、ResNet[59] 和 DenseNet[60]等。隐写分析的本质是分类任务,其目标是寻找最优的隐写统计特征表达,以更好地区分正常载体和隐写载体。因此,深度学习技术同样可以应用于隐写分析方法的设计。图 4.6 比较了两种隐写分析方法的基本框架:基于手工特征设计的隐写分析和基于深度学习的隐写分析。

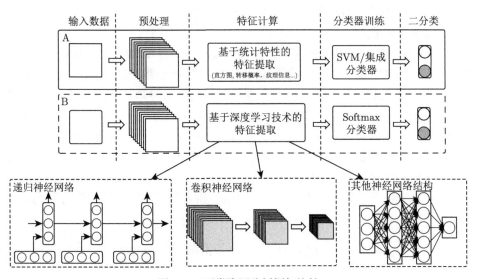

图 4.6 两类隐写分析框架比较

从图中可以发现，两种框架的基本部件是相似的，最本质的区别在于隐写特征表达。基于卷积神经网络的隐写分析方法实现对特征空间的自动寻优，而基于手工特征设计的隐写分析方法需要较强的专业知识和设计经验，随着自适应隐写术等现代隐写技术的发展，基于手工特征设计的隐写分析方法变得愈发困难。

当前，深度学习技术已经在图像隐写分析[61,62]中得到了很好的运用，检测效果已经超过了基于手工特征设计的传统图像隐写分析方法。相比图像隐写分析，深度学习技术在音频隐写分析中的应用较少，主要成果如下所示。

Paulin 等[63]最先提出使用深度置信网络 (deep belief networks，DBN) 对时域音频进行隐写分析，网络输入数据是音频信号的梅尔频率倒谱系数 (Mel frequency cepstral coefficient，MFCC)，文献还讨论了 MFCC 系数的阶数对各种分类器检测准确率的影响。Chen 等[64]提出一种基于卷积神经网络的时域音频隐写分析算法，它以音频的时域采样点为输入数据，通过 CNN 网络实现特征的自动学习，相比传统分析方法，它对 LSBM 隐写算法的检测准确有显著提升。Wang 等先后提出两个针对 MP3 隐写分析的 CNN 网络，即 WASDN[65] 和 RHFCN[66]，有效提升了对当前 MP3 自适应隐写方法的检测准确率，该网络也适用于对其他压缩音频的隐写分析。Ren 等[67]也提出一种基于音频声谱图和残差网络的通用隐写分析方法，可以同时应用于检测不同嵌入域的音频隐写算法，具有更强的通用性。

基于深度学习的音频隐写分析将如何计算隐写分析特征问题，转化成深度学习网络结构的设计问题。设计一个好的深度学习网络模型用于隐写分析检测，这是一个基于大样本驱动的迭代过程，利用反馈结果来不断改进网络模型。当前深度学习模型的构建还缺乏完备的理论体系，整体网络构成也依赖于具体分析对象，下面简要介绍构成网络模型的一些重要基础部件。

1) 1×1 卷积核

1×1 卷积核引起人们的关注是源于 "network in network" (NIN) 结构的改进，由于传统 CNN 网络的卷积滤波器结构对数据通路 (data patch) 的抽象能力不行，NIN 结构将原始 CNN 网络卷积层中的单层感知机替换成了多层感知机 (multi-layer perceptron，MLP)。1×1 卷积核可以看作是一种应用在卷积层内部的全连接层，不仅可以实现对输入特征图的比例缩放，还能以较少的参数实现特征图跨通道的信息交互和整合，以及卷积核的升维和降维。同时，参数个数的减少也降低了网络过拟合的风险与运算复杂度。

下面举个例子，如图 4.7 所示，设网络的输入和输出特征图维度分别为 $W \times H \times C$ 和 $W \times H \times N$，那么两个网络的参数量分别为

$$P_{左} = 3 \times 3 \times C \times M + 1 \times 1 \times M \times N = 9MC + MN \tag{4.64}$$

$$P_{右} = 3 \times 3 \times C \times N = 9NC \tag{4.65}$$

因此，采用 1×1 卷积核后，在输出特征图维度不变的情况下，参数量变化为

$$\Delta P = P_\text{左} - P_\text{右} = (9MC + MN) - 9NC \tag{4.66}$$

特别地，取 $C = 32$、$M = 64$、$N = 128$ 时，则 $\Delta P = -10240$，即参数量大约可以减少 27.8%。

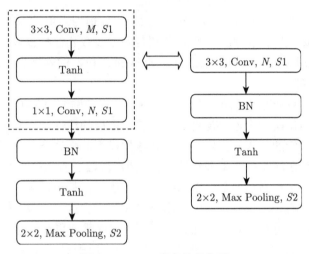

图 4.7 1×1 卷积核的作用

2) 批量标准化层

批量标准化层，即 BN(batch normalization) 层，是由 Google 公司提出的一种训练优化方法，它旨在缓解输入数据的协方差偏移现象、降低梯度弥散的风险。一般地，统计机器学习的一个经典的假设是"源空间"和"目标空间"的数据分布是一致的。但是对于深度卷积神经网络，数据经过多层的卷积、池化等操作后，输入与输出数据的分布特性将会发生改变，并且随着网络深度的增加差异不断扩大，从而导致网络的泛化能力大大降低、网络的训练难度也会增加。此外，由于训练神经网络的数据规模很大，在计算资源受限条件下通常需要将数据集分多个批次进行训练。因此如果各批次训练样本的分布特性不相同，那么神经网络还需在迭代时重新学习新的不同分布，这将极大地影响网络的训练效率。为解决这个问题，提出多种训练数据标准化方式。例如，batch normalization、layer normalization、instance normalization、group normalization 和 switchable normalization 等，不同的标准化方式适用于不同的应用场景。

通过引入 BN 层后，网络训练时可以采用更大的学习率，以提升网络训练的速率。同时也降低了网络性能对权重和偏置等参数初始化方式的依赖，以及网络过拟合的风险。但是，BN 层的效果与批次大小 (batch_size) 紧密相关，如果

batch_size 越大，即当前批次训练数据的分布和数据集的分布越接近，那么训练结果就会越好、收敛速度也越快。特别地，当训练集或测试集的 batch_size 为 1 时，BN 层就会失效，在进行测试时尤其需要注意。BN 层的前向传导公式为

$$y = \gamma \frac{x - \mu}{\sqrt{\sigma^2 + \epsilon}} + \beta \tag{4.67}$$

其中，x 是输入张量、y 是输出张量，μ 和 σ 分别为当前批次的均值和标准差，ϵ 表示一个值很小的正常量，γ 和 β 分别是缩放参数和偏移参数，可以通过训练学习得到。随着 batch_size 的增大，不同批次间 μ 和 σ 的差异也将逐渐趋于缩小。

3) 激活函数

激活函数的目的是引入网络的非线性因素，提升网络对各类函数的表达能力。由于卷积层、池化层和全连接层都是线性的，多层的线性网络其表达能力和单层的线性网络是等价的。因此，网络中仅有线性模型的表达能力是不够的。需要通过加入激活函数在网络中引入非线性因素，激活函数一般具有的性质：非线性、处处可导和单调性。当激活函数的输出值是有限值时，基于梯度的优化方法会更加稳定，因为特征的表示受有限权值的影响更显著；当激活函数的输出值是无限值时，模型的训练会更加高效，但在这种情况下一般需要更小的学习率。

激活函数层通常位于卷积层或 BN 层之后，用于对特征图进行非线性变换。理想的激活函数是阶跃函数，它把输入数据映射为激活 (1) 和抑制 (0)。但是由于阶跃函数不连续的特点，存在计算梯度 (求偏导) 的问题。激活函数分成两类：饱和激活函数和非饱和激活函数。神经网络中常用的饱和激活函数有 sigmoid 和 tanh 等，非饱和激活函数有 ReLU、LeakyReLU、pReLU、ELU 和 maxout 等。非饱和激活函数的优势在于能解决所谓的"梯度消失"问题，以及能加快收敛速度。在实际应用中，需要根据输入数据的类型和网络结构对激活函数进行调整，实现网络性能最优。

4) 池化层

池化层的作用是特征图的降采样，具体体现为：一方面是减少特征图的维度，降低运算复杂度；另一方面是对特征进行压缩，保留更为鲁棒的特征。常用的池化类型包括均值池化、最大池化、随机池化和卷积池化。

CNN 网络学习特征的误差主要来自两个方面：一个是邻域大小受限造成的估计值方差增大；另一个是卷积层参数误差造成的估计均值偏移。一般地，均值池化可以更多地保留输入数据的背景信息，减小第一类误差；而最大池化偏向于保留输入数据的纹理信息，减小第二类误差；随机池化则介于两者之间，对输入数据点按照一定的规则赋予其概率值，再依据概率大小进行下采样。从平均意义来看，随机池化与均值池化相似，而从局部意义来看，则与最大池化相似。与前

三种池化类型不同，卷积池化是在卷积过程中将移动步长设置为 2 或更大，在特征提取的同时完成降采样。由于隐写噪声往往会嵌入到纹理复杂的区域，因此在隐写分析网络设计中通常选择最大池化进行降采样。

5) 正则化

正则化是机器学习中通过显示控制模型复杂度来避免模型过拟合、确保泛化能力的一种有效方式。正则化在损失函数中引入模型复杂度指标，弱化训练数据中的噪声。机器学习的核心问题是设计不仅在训练数据集上表现好，而且在新数据集上泛化能力好的算法。模型在训练数据集上的误差称为训练误差，在测试数据集上的误差称为测试误差。如果模型的训练误差和测试误差相差过大，则模型过拟合；如果模型训练误差和测试误差均较大，则模型欠拟合。只有当模型的训练误差和测试误差相当，且均在可接受的范围内，这样的模型才是我们所需要的。在网络设计中，由于数据集的规模不够大，我们往往面对的都是网络过拟合的问题。前面介绍的 BN 层和 1×1 卷积核都可在一点程度上降低模型过拟合的风险，正则化也是一种常用的策略。L^2 正则化是一种常用的正则化模型，即直接在原来的损失函数基础上加上权重参数的平方和。

4.6　本章小结

本章介绍了基于量化系数修改的压缩音频隐写方法及隐写分析方法，相比于第 3 章的编码参数隐写，量化系数隐写具有安全性强和负载率高等优势，等价于 JPEG 图像隐写，是最经典的压缩域音频隐写方法。音频编码比图像编码更复杂，所采用的基本隐写方式也不同。首先，本章结合 MP3 和 AAC 等音频编码特点和码字构成，介绍了三种可嵌域与基本嵌入方式。然后分别介绍了三个可嵌域的典型隐写方法的基本原理和算法框架，包括熵码字替换方法、码字符号位修改方法、Linbits 位修改方法。介绍了两种失真代价函数构造方法，分别是基于心理声学模型和马尔可夫统计特征保持。最后，介绍了一些相应的隐写分析方法或特征，主要有马尔可夫特征集、MDI2 特征、共生矩阵特征，以及基于深度学习的隐写分析。

除了上述三种基本嵌入方式外，还可以采用直接修改量化 MDCT 系数进行隐写嵌入的方式。例如，量化 MDCT 系数的 LSB 隐写。但是，由于音频编码的"帧偏移效应"，采用直接量化系数修改的方式需要解决嵌入失效、编码器崩溃、误差扩散和跨帧传播等问题。其次，对于失真代价函数构造方法与理论，还缺乏完备的数学模型和设计框架。在隐写分析方面，相比于图像隐写分析方法，传统的手工分析特征研究还不完善，尤其是在高维特征设计上是一个未开辟的领域，需要构建适用于音频内容的统计度量模型。此外，在实际应用中，由于音频是流式文件媒体，因此音频隐写分析的粒度和综合判决策略是一个不可回避的问题。

思 考 题

(1) 分析 EECS 算法和文献 [45] 的码字映射表构造原理，利用香农信息熵理论计算比较这两种构造方法的嵌入效率，并比较分析两种方式对哈夫曼码字统计直方图的影响？

(2) 在文献 [45] 中，分析其多进制嵌入的代价函数计算方法，给出一种更优的适用于多元隐写嵌入的代价计算方法。

(3) 分析文献 [45] 的帧级感知失真计算原理，设计实验验证所给出的前提假设，或者给出一种更优的帧级感知失真度量方法。

(4) 在第 4.2 和 4.3 节中给出了两种代价函数构造方法，它们是否可以都用于两个嵌入域？如果可以，给出它们的一般表示形式，并比较它们在不同嵌入域的综合性能？

(5) 给出一种适用于 linbits 位嵌入的失真代价函数构造方法，并设计基于 STC 码的自适应隐写算法，分析算法的嵌入效率和抗隐写分析性能。

(6) 比较 4.5 节中各种隐写分析特征的维度？

第 5 章　固定码本域隐写及其分析

语音与通常的音乐类音频在内容特征上有很大区别，主要体现在采样率、压缩比特率和音频内容等方面。两种类型的压缩编码器的工作原理也存在本质不同，这导致针对语音载体的隐写及隐写分析方法也有别于针对音频载体的方法。但是，两类方法可以相互借鉴和改造复用。为了使读者更清晰地理解基于语音编码的信息隐写方法的原理，本章首先基于典型的数字语音编码器模型分析隐写可嵌域，然后介绍三个典型嵌入域隐写方法的基本思想。考虑到各嵌入域的隐写方法差异，分别针对语音编码的三个典型可嵌域，本书将用三个章节内容介绍它们的隐写方法及其隐写分析方法。

5.1　三种嵌入域的分析比较

中低速率语音编码载体是当前使用最广泛的语音隐写载体，它的核心算法是代数码本激励线性预测编码 (algebraic code excited linear prediction，ACELP)，代数激励码本是 CELP 激励码本的一种简化形式。它不仅继承了 CELP 算法的优点而且拥有其独特的编码优势，ACELP 算法采用的代数码本结构具有稀疏性，这样不但有效地降低了系统的存储需求，还提高了脉冲激励码本的灵活性。ACELP编码算法已被广泛应用于数字通信领域，例如，G.723.1 和 G.729 是 VoIP(voice over internet protocol) 系统中常用的语音编码标准，AMR 是 3GPP 制定的应用于第三代移动通信 WCDMA 中的语音压缩编码。后面将重点基于 ACELP 编码来了解音频隐写方法及其分析方法的相关概念和原理。

在本书的第 2.4 节简要描述了 ACELP 编码算法的原理和流程 (图 5.1)，它是基于基本线性预测编码 (linear predictive coding，LPC) 产生模型将语音分为清音和浊音两大类。清音模型采用白噪声作为激励信号，浊音模型采用周期等于基音周期的脉冲序列作为激励信号。利用自适应码字和固定码字激励一个时变线性滤波器得到合成语音，ACELP 编码模型的主要参数包括短时线性预测分析与量化索引、长时基音索引 (自适应码本) 和码本增益、固定 (随机) 码本索引和码本增益等。因此，针对基于 ACELP 编码的语音隐写方法的嵌入域主要包括固定码本 (fixed codebook，FCB)，自适应码本 (adaptive codebook，ACB) 和线性预测系数 (linear prediction coefficient，LPC)。

(1) 固定码本 (FCB) 嵌入域 (第 5 章). 固定码本的码矢量为随机激励信号，用于表示语音信号经过短时预测和长时预测后的信号残差。编码过程中对固定码本搜索时，由于采用深度优先树的搜索方式不是最优的，只能获得次优的码本矢量，因此固定码本参数存在冗余性。利用这种冗余空间，通过修改固定码本参数可以实现信息嵌入。经过实验分析发现，固定码本参数在语音编码中的编码流长度占比较大 (大约每帧 30% 以上)，所以固定码本嵌入域的隐藏容量也相对较大。

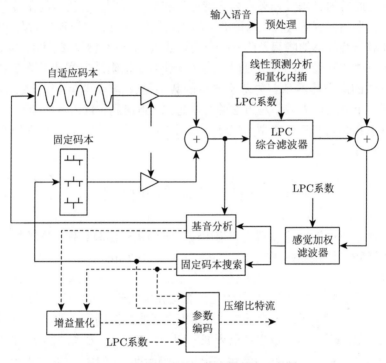

图 5.1　ACELP 编码算法的原理示意图

(2) 自适应码本 (ACB) 嵌入域 (第 6 章). 自适应码本的码矢量用于表示预测语音信号的基音周期。基音周期的变化范围一般比较大，与人的声道特点、发音习惯和性别年龄等很多因素有关，即使是一个人在相同环境中重复说一句话，通过基音周期搜索得到的基音周期序列也不尽相同。并且由于语音的清浊音切换等原因，基音周期检测算法本身就很难获得精确结果。这意味着自适应码本参数存在冗余性，可以通过调节基音的搜索范围达到隐写目的。

(3) 线性预测系数 (LPC) 嵌入域 (第 7 章). ACELP 编码采用线性预测算法对语音的短时相关性进行预测，并对 LPC 系数等参数进行压缩编码。LPC 系数是用于表征声道特征的参数，它的物理意义是通过一组模型参数序列，大致确定语音信号的频谱幅度。LPC 系数编码通常采用矢量量化技术，对 LPC 系数的

线谱对 (line spectral pairs，LSP) 或线谱频率 (line spectral frequencies，LSF) 进行矢量量化编码。因此，可以利用 QIM(quantization index modulation) 算法在矢量量化时实现隐藏信息嵌入。此外，由于 ACELP 编码技术采用最小误差码字模型来优化语音失真，因此在残差信号编码过程中可以自适应地降低 LPC 域隐写引入的失真，保证压缩语音的感知透明性。

在三种可嵌域中，FCB 域比 LPC 域和 ACB 域的编码比特流长度比重更大，即可利用的隐藏空间更大。例如，按 12.2 kb/s 的 AMR 编码流测算，每帧的总比特数是 244 比特，FCB 域编码流是 140 比特，占比为 57.38%。其次，固定码本的码矢量是随机激励，表示语音信号经过短时预测和长时预测后的残差信号，其修改对重建语音信号的质量影响较小。因此，基于 FCB 域的信息隐写方法研究受到了研究人员的关注。Geiser 等[68] 针对 AMR-NB 编码提出了一种嵌入方法，在固定码本搜索过程中，它通过限制每个轨道第 2 个脉冲位置的搜索空间实现秘密信息的嵌入，该算法的隐藏容量能达到 2 kbit/s。由于固定码本采用深度优先搜索获得的码矢量是次优的，所以使用另一个次优的码矢量进行替换几乎不会影响嵌入消息后的语音质量。Miao 等[69] 提出了一种自适应的基于次优脉冲组合约束的 (adaptive suboptimal pulse combination constrained，ASOPCC) 隐写算法，它引入了嵌入因子 η 控制嵌入的消息量，更灵活地实现语音质量和隐藏容量之间的平衡，在 18.25 kbit/s 的 AMR 宽带 (AMR-WB) 编码模式下算法的数据嵌入量能达到 3.2 kbit/s。为提高隐写算法的抗统计分析性，Ren 等[70] 首次将 STC 隐写编码应用于 AMR 语音隐写，提出了一种基于 AMR 固定码本的自适应隐写方法 (AMR FCB adaptive steganography，AFA)。AFA 算法利用脉冲的最优概率和相同轨道的脉冲间相关性计算嵌入修改代价，并利用最优脉冲位置搜索中的命中函数 $b(n)$ 来构造加性失真函数。此外，Ren 等[71] 又提出了一种更安全的基于 AMR 固定码本域的隐写算法 (AMR FCB steganographic scheme based on pulse distribution model，PDM-AFS 算法)，它首先获得了 AMR 载体音频的脉冲分布模型 (PDM)，然后采用消息编码和随机掩码提高脉冲位置的随机性，使得隐写音频中 FCB 参数的统计分布更接近于原始载体音频。

为了更清楚地描述 FCB 域隐写算法的基本原理，本章首先介绍了固定码本的码矢量搜索算法，然后分别介绍了几种经典的 FCB 域隐写算法，包括 Geiser-Vary 算法、ASOPCC 算法和 AFA 算法。最后，介绍 FCB 域的隐写分析方法。

5.2 FCB 搜索算法

脉冲位置搜索是 FCB 编码的核心算法之一，AMR 的 FCB 结构采用单脉冲交错排列 (interleaved single-pulse permutation，ISPP) 设计，不同的编码速率模式具有不同的脉冲分布。以 12.2 kb/s 编码模式为例，激励码矢量包含 10 个非零脉冲 $i_k(k = 0, 1, \cdots, 9)$，每个脉冲的幅值均为 +1 或 -1，40 个脉冲位置被分为 5 个轨道 (track)，即每个轨道包含两个非零脉冲，如表 5.1 所示。

表 5.1　脉冲的可能位置分布

轨道	脉冲	符号	可能出现的位置
0	i_0, i_5	± 1	$0, 5, 10, 15, 20, 25, 30, 35$
1	i_1, i_6	± 1	$1, 6, 11, 16, 21, 26, 31, 36$
2	i_2, i_7	± 1	$2, 7, 12, 17, 22, 27, 32, 37$
3	i_3, i_8	± 1	$3, 8, 13, 18, 23, 28, 33, 38$
4	i_4, i_9	± 1	$4, 9, 14, 19, 24, 29, 34, 39$

搜索算法按照每个 AMR 子帧搜索脉冲的最优位置，使得每个非零脉冲 $i_k(k = 0, 1, \cdots, 9)$ 的 Q_k 值最大化，即

$$Q_k = \frac{\left[\sum\limits_{n=0}^{39} x'(n) c_k(n) * h(n)\right]^2}{\sum\limits_{n=0}^{39} [c_k(n) * h(n)]^2} = \frac{(x'^{\mathrm{T}} H C_k)^2}{C_k^{\mathrm{T}} H^{\mathrm{T}} H C_k} = \frac{(d C_k)^2}{C_k^{\mathrm{T}} \Phi C_k} \tag{5.1}$$

其中，C_k 表示码矢量，$h(n)$ 是感知加权滤波器的冲击响应，H 是下三角托普利兹卷积矩阵，$d = H^{\mathrm{T}} x'$ 表示目标信号 $x'(n)$ 与冲击响应 $h(n)$ 间的相关性，对称矩阵 $\Phi = H^{\mathrm{T}} H$ 表示 $h(n)$ 的相关矩阵。

为了降低搜索复杂度，脉冲的幅值由参考信号 $b(n)$ 来表示，它等于 $d(n)$ 和长期预测残差 $R_{\mathrm{LTP}}(n)$ 归一化后之和，即

$$b(n) = \frac{R_{\mathrm{LTP}}(n)}{\sqrt{E_r}} + \frac{\alpha d(n)}{\sqrt{E_d}} \tag{5.2}$$

其中，$E_r = R_{\mathrm{LTP}}^{\mathrm{T}} R_{\mathrm{LTP}}$ 和 $E_d = d^{\mathrm{T}} d$ 表示对应的能量值，α 为伸缩因子，$d(n)$ 表示目标信号与冲击响应间的相关性。

AMR 编码过程中，FCB 搜索采用深度优先搜索算法，在不同编码速率模式下，相应的非零脉冲个数和搜索树层级是不同的。还以 12.2 kbps 编码模式为例，算法的搜索过程如图 5.2 所示。搜索树共 5 层，每层搜索 2 个非零脉冲位置，通常它们出现在连续的轨道上。在第 1 层，首先搜索 i_0 脉冲的位置，它位于所有轨道上参考信号 $b(n)$ 值最大的位置；然后搜索 i_1 脉冲的位置，它可能位于除 i_0 所占轨道外的其他 4 个轨道中每个轨道内最大值的位置，因此需要 4 次循环迭代；

最后在每个嵌套循环中执行第 $2 \sim 5$ 层的搜索。在第 2 层搜索 i_2 脉冲和 i_3 脉冲的位置，它们分别位于 i_1 所处轨道的后面 2 个连续的轨道上，并使得当前目标信号值最大，搜索需尝试的总数为 64 次 (8×8)。剩余 3 层 (第 $3 \sim 5$ 层) 的搜索过程与第 2 层的完全相同，上述 4 层搜索形成一次的搜索迭代，即每次搜索沿着其中一条深度优先树路径走到底，然后重新选择一条新的路径进行搜索。因此，搜索操作的总次数为 1024 次 (4 个嵌套循环 $\times 4$ 层 $\times 64$ 次)。

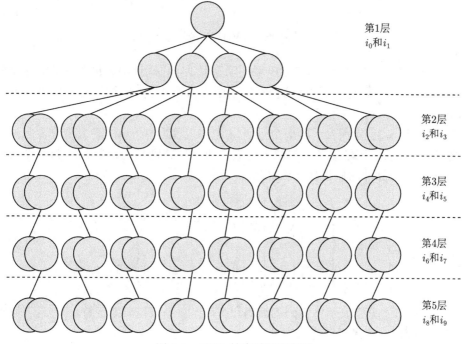

第1层
i_0和i_1

第2层
i_2和i_3

第3层
i_4和i_5

第4层
i_6和i_7

第5层
i_8和i_9

图 5.2 FCB 搜索过程示意图

在确定每个脉冲的位置后，对每个轨道的 2 个脉冲做成对编码，编码后的码字结构如图 5.3 所示。

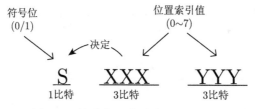

符号位
(0/1)

位置索引值
(0~7)

决定

S   XXX   YYY

1比特   3比特   3比特

图 5.3 轨道中 2 个脉冲的编码结构

图中按照轨道次序分别进行编码，每个轨道的脉冲对编码成 7 比特的码字，

记作 "S XXX YYY"。其中,"S" 表示 1 比特符号位,它的值由 "XXX" 所属脉冲的符号决定,"0" 表示脉冲为 +1、"1" 表示脉冲为 −1;"XXX" 和 "YYY" 都占 3 比特,它们分别表示 2 个脉冲位置在当前轨道的索引 (每个轨道包含 8 个位置,序号依次为 0 ~ 7)。轨道内 2 个脉冲位置的编码次序,即 "XY" 型还是 "YX" 型,由 2 个脉冲的符号决定:若 2 个脉冲的符号相同,则将脉冲索引值较小的放在 "X" 位,即 |XXX| < |YYY|;反之亦然。因此,对于解码器而言,不能够区分 2 个脉冲与 "XXX" 和 "YYY" 的对应关系,这也是消息嵌入的前提。

5.3　Geiser-Vary 隐写算法

Geiser-Vary 算法是首个 FCB 域的隐写算法,它通过限制每个轨道第 2 个脉冲的位置实现消息嵌入 (候选的搜索位置由 8 个限制为 2 个),算法的嵌入原理如下。

设 i_t 和 i_{t+5} 分别表示第 t 个 $(0 \leqslant t \leqslant 4)$ 轨道上第 1 和第 2 个非零脉冲的位置值,$m_{2t,2t+1}$ 表示第 t 个轨道上待嵌入的 2 比特消息。计算 i_{t+5} 的 2 个可选值,即第 2 个脉冲的候选搜索位置为

$$
i_{t+5} = \begin{cases} g^{-1}\left(g\left(\left\lfloor \dfrac{i_t}{5} \right\rfloor\right) \oplus m_{2t,2t+1}\right) \cdot 5 + t \\[3mm] g^{-1}\left(g\left(\left\lfloor \dfrac{i_t}{5} \right\rfloor\right) \oplus m_{2t,2t+1} + 4\right) \cdot 5 + t \end{cases} \tag{5.3}
$$

其中,g 和 g^{-1} 分别表示格雷码的编码和解码,$\oplus$ 是按位异或运算,$\lfloor \ \rfloor$ 是下取整运算。相应地,消息提取算法为

$$
m_{2t,2t+1} = g\left(\left\lfloor \frac{i_t}{5} \right\rfloor\right) \oplus g\left(\left\lfloor \frac{i_{t+5}}{5} \right\rfloor\right) \pmod 4 \tag{5.4}
$$

以 12.2 kbit/s 编码模式为例,AMR 按照 20 ms 做分帧,每帧又包括 4 个子帧。每个子帧的 FCB 搜索包含 5 个轨道,而每个轨道可嵌入 2 比特信息。所以,嵌入算法的隐藏容量 $C_{\text{G-V}}$ 的计算式如下:

$$
C_{\text{G-V}} = \frac{4 \times 5 \times 2 \text{ bit}}{0.02 \text{ s}} = 2 \text{ kbit/s} \tag{5.5}
$$

此外,在搜索代价方面,隐写算法将每个轨道第 2 个脉冲位置的搜索空间由 8 个变成 2 个,因此隐写算法将搜索次数降低为原来的 $\frac{1}{4}$。

5.4 ASOPCC 隐写算法

ASOPCC 算法的原理与 Geiser-Vary 算法类似，在 FCB 搜索算法中通过限制脉冲搜索位置实现信息嵌入，具体可表示成 (以 18.25 kbit/s 编码模式为例)

$$S_t = \left(\sum_{i=0}^{N_t} g \left(\left\lfloor \frac{P_{t_i}}{4} \right\rfloor \right) \right) \odot \eta \qquad \forall t \in \{0,1,2,3\} \qquad (5.6)$$

其中，$\odot$ 表示逻辑与运算，t 是轨道序号，N_t 是第 t 个轨道中非零脉冲的总数，P_{t_i} 是轨道 t 上第 i 个非零脉冲的位置，S_t 是待嵌入的消息，η 是用来控制嵌入消息位数的参数因子，g 表示格雷编码，它用于编码脉冲的位置索引和增强对信道误码的鲁棒性。

由式 (5.6) 可知，每个轨道可嵌入 $\lfloor \log_2 \eta \rfloor$ 比特信息。所以，嵌入算法的隐藏容量等于 $4 \lfloor \log_2 \eta \rfloor$ bit/5 ms。通常取 $1 \leqslant \eta \leqslant 16$，因此算法的最大隐藏容量为 3.2 kbit/s。同样地，限制脉冲位置将减少算法的搜索次数。

5.5 AFA 隐写算法

为了提高隐写算法的抗统计分析能力，AFA 算法是 FCB 域首个利用代价失真函数和 STC 码的自适应隐写算法，它的嵌入流程如图 5.4 所示。图中 $P_{f,k}$ 是第 f 个子帧中第 k 个非零脉冲的最优概率，$M_t(u,v)$ 是轨道 t 的脉冲相关性，$b(n)$ 表示命中函数，$\rho_{f,k}$ 表示第 f 个子帧中第 k 个非零脉冲的修改代价，$D(X,Y)$ 表示加性失真函数。

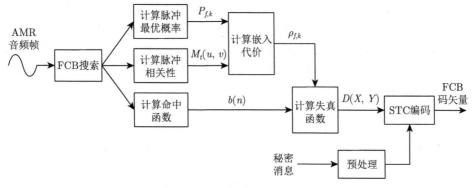

图 5.4 AFA 算法的嵌入流程图

从图中可以发现，嵌入代价是由脉冲的最优概率和同轨道两个脉冲的相关性进行联合计算的，然后再结合命中函数来构造加性失真函数。以 AMR 12.2 kbit/s 编码模式为例，下面分别介绍它们的具体计算方法。

5.5.1　脉冲的最优概率

在 FCB 搜索过程中，搜索每个子帧中 10 个非零脉冲的位置信息 $s_k(0 \leqslant k \leqslant 9)$：①对于脉冲 i_0，计算 40 个参考信号值 $b(n)(0 \leqslant n \leqslant 39)$，查找全局 $b(n)$ 值最大的位置 s_0'，如果 $s_0' = s_0$ 则表示位置是最优的，同时最优次数的计数器加 1；②对脉冲 $i_k(1 \leqslant k \leqslant 9)$，计算当前脉冲位置为 s_k 的 Q_k 并搜索脉冲同轨道的其他可选位置 s_k' 中的局部最大值 Q_k'，如果 $Q_k > Q_k'$ 则表示位置是最优的，同时最优次数的计数器加 1。按照上述规则，可以统计子帧中每个脉冲 i_k 出现最优次数的概率，即

$$P_{f,k} = \frac{1}{N_f} \sum_{f=1}^{N_f} p_{f,k} \tag{5.7}$$

其中，N_f 表示子帧总数，f 是子帧编号，k 是子帧中非零脉冲索引。若当前子帧的脉冲 i_k 是最优的，则 $p_{f,k} = 1$，否则 $p_{f,k} = 0$。所以，脉冲的最优概率可表征子帧中每个脉冲位置的嵌入适用性。

5.5.2　脉冲相关性

算法利用脉冲对的概率分布来表示同轨道中两个脉冲的相对位置关系，表示如下：

$$M_t(u,v) = \frac{1}{N_f} \sum_{f=1}^{N_f} P\left(i_t = u, i_{t+5} = v \parallel i_t = v, i_{t+5} = u\right) \tag{5.8}$$

其中，$0 \leqslant t \leqslant 4$ 表示子帧中的轨道号，N_f 是音频的子帧总数，$0 \leqslant f \leqslant N_f$ 表示子帧序号，$0 \leqslant u, v \leqslant 39$ 表示非零脉冲的位置。如果第 1 个脉冲 i_k 和第 2 个脉冲 i_{k+5} 在同一轨道，即 u 和 v 属于相同轨道，则 $P\left(i_t = u, i_{t+5} = v \parallel i_t = v, i_{t+5} = u\right) = 1$，否则等于 0。所以，子帧中同一轨道两个脉冲位置的统计相关性也可表征每个轨道的嵌入适用性。

5.5.3　嵌入代价

利用脉冲的最优概率和脉冲相关性，算法的嵌入代价定义为

$$\rho_{f,k} = \frac{1}{\alpha P_{f,k} + \beta M_t(u,v)} \tag{5.9}$$

其中，α 和 β 是权重因子，$t = k\%5$。

5.5.4 加性失真函数

算法的全局加性失真函数定义如下：

$$D\left(X,Y\right) = \sum_{f=1}^{N_f} \sum_{k=0}^{9} \rho_{f,k} \left| b\left(x_{f,k}\right)\right) - b\left(y_{f,k}\right)\right| \tag{5.10}$$

其中，$\rho_{f,k}$、$b\left(x_{f,k}\right))$ 和 $b\left(y_{f,k}\right)$ 分别表示第 f 个子帧的第 k 个非零脉冲位置的嵌入代价、载体样本和隐写样本的命中函数值。

AFA 隐写算法在每个轨道可以嵌入 1 比特消息，因此算法的最大隐藏容量为 1 kbit/s。算法的计算代价主要包括 STC 编码和嵌入代价计算。

5.6　相关的隐写分析方法

在第 1.2 节中介绍了隐写分析方法的一般模型，当前针对 FBC 域的隐写分析研究主要还是集中在 FBC 域分析特征的设计与优化。最早地，Ding 等发现在 FCB 域嵌入消息后会改变脉冲位置参数的直方图特征[72]，他们利用脉冲位置直方图的平坦度、特征函数质心和方差作为分类特征。Miao 等[73] 提出了两种特征，分别是同一轨道脉冲位置的马尔可夫转移概率特征和联合熵与条件熵特征。前者可以衡量相邻脉冲的相关性，后者可以度量联合脉冲分布的不确定性。Ren 等[74] 发现隐写样本在相同位置的概率分布与正常样本有显著差异，利用这一特点计算同一轨道两个脉冲处于相同脉冲位置的统计特征作为分析特征，称为 SPP(same pulse positions) 特征及优化后的 Fast-SPP 特征。为了避免同一轨道内两个脉冲位置交换的影响，Tian 等[75] 利用脉冲对的统计属性设计了三种特征，分别是脉冲对的概率分布作为长时分布特征、脉冲对的马尔可夫转移概率作为短时不变特征、脉冲对的联合概率矩阵作为轨道间相关性特征。并且基于 AdaBoost 算法 (通过迭代弱分类器而产生最终的强分类器的算法) 引入了特征选择策略，将特征维度从 2772 维降到 498 维。Liu 等[76] 提出了一个隐写分析特征集，包括基于自信息的子帧级脉冲相关性特征和基于互信息的轨道级脉冲相关性特征，这个特征集的维度只有 100 维并且检测性能略有提高。他们还提出了一种新的组合分类器模型[77]。

此外，Gong 等[78] 提出了针对 FBC 域隐写的首个深度学习方法——SRC-Net(steganalytic scheme by combining recurrent neural network and convolutional neural network) 分析网络。SRCNet 利用 Bi-LSTM(双向 LSTM) 学习不同距离的码字时域关系，然后引入 CNN 的全局池化层解决不同时长样本的问题。针对短时和低嵌入率样本，SRCNet 网络的检测结果明显优于现有检测方法，而且对不同时长的样本检测效果同样有效。下面详细介绍几种代表性的分析特征计算方法。

5.6.1   MTP 特征和 ENR-MIS 特征

Miao 的方法[73] 由两种特征组成：马尔可夫转移概率 (Markov transition probabilities，MTP) 特征、马尔可夫信源的熵率 (entropy rate of Markov information source，ENR-MIS) 特征。其中马尔可夫特征在隐写分析中的应用很普遍，它们的具体计算方法如下。

1) 马尔可夫转移概率特征

整个编码语音流的长度与时间有关，因此整个固定码本的索引序列可能很长，我们可以将其划分成多个固定长度的 N 元子序列来检测，其中 N 表示每个轨道中非零脉冲的个数，它是由码书的结构决定的。依据 ACELP 编码原理和 FCB 搜索算法，码书索引 ID 与之前被选择的脉冲有关，ID 的选择过程类似于一个高阶马尔可夫链。因此，我们可以应用 $N-1$ 阶马尔可夫链模型①来构造分析特征。

假设 N 元 ID 子序列表示为 $\langle \mathrm{ID}_1, \mathrm{ID}_2, \cdots, \mathrm{ID}_t, \cdots, \mathrm{ID}_N \rangle (1 \leqslant t \leqslant N)$，它的取值为轨道上的脉冲位置，即状态空间 $S = \{i_1, \cdots, i_j, \cdots, i_M\}$，其中 i_j 表示每个轨道的脉冲位置、M 是候选位置的数量。那么，$N-1$ 阶马尔可夫转移概率的计算式为

$$
\begin{aligned}
P_{i'_N, i'_{N-1}, \cdots, i'_1} &= P\left(\mathrm{ID}_N = i'_N | \mathrm{ID}_{N-1} = i'_{N-1}, \cdots, \mathrm{ID}_1 = i'_1\right) \\
&= \frac{P\left(\mathrm{ID}_{N-1} = i'_{N-1}, \cdots, \mathrm{ID}_1 = i'_1, \mathrm{ID}_N = i'_N\right)}{P\left(\mathrm{ID}_{N-1} = i'_{N-1}, \cdots, \mathrm{ID}_1 = i'_1\right)}
\end{aligned}
\tag{5.11}
$$

其中，$i'_t \in S(t = 1, \cdots, N)$。因此我们可以获得一个 $M^{N-1} \times M$ 的 $N-1$ 阶马尔可夫转移概率矩阵，即特征向量的规模为 $M^{N-1} \times M$。以 AMR 语音流为例，每个轨道有 2 个非零脉冲，每个脉冲有 8 个候选位置，即 $N=2$、$M=8$。其对应的一阶马尔可夫转移概率矩阵的规模为 8×8。

2) 马尔可夫信源的熵率特征

利用信息论来设计分析特征要解决两个关键问题：如何描述载体参数序列的信源，即信源建模，以及如何计算信源的特征量。实际中信源的统计特性往往是非常复杂的，想找到精确的数学模型比较困难。在应用中常常用一些可以处理的数学模型来近似模拟。马尔可夫信源是一类相对简单的有记忆信源，信源在某一时刻发出某一符号的概率除了跟该符号有关外，只与此前发出的有限个符号有关。即它是一种记忆长度有限的信源。

---

① 当前状态与前面的 $N-1$ 个状态相关。

所谓熵率 (entropy rate)，是指信源输出的符号序列中，平均每个符号所携带的信息量。随机变量序列 X_i 中，对前 N 个随机变量的联合熵求平均，即

$$H_N(X) = \frac{1}{N}H(X_1 X_2 \cdots X_N) \tag{5.12}$$

称为平均符号熵。如果当 $N \to \infty$ 时上式极限存在，则 $\lim\limits_{N \to \infty} H_N(X)$ 称为熵率，或称为极限熵，并记作 H_∞。

对一组马尔可夫信源输出序列 $\text{MIS} = \langle \text{ID}_1, \text{ID}_2, \cdots, \text{ID}_N \rangle$，$N$ 元符号的联合熵和条件熵分别记作 $H(\text{MIS})$ 和 $H(\text{ID}_N | \text{ID}_1, \cdots, \text{ID}_{N-1})$。记 $P_{i'_1 \cdots i'_N}$ 表示输出序列 $\langle \text{ID}_1 = i'_1, \cdots, \text{ID}_N = i'_N \rangle$ 的联合分布概率，则联合熵的计算式为

$$H(\text{MIS}) = \sum P_{i'_1 \cdots i'_N} \log_2 P_{i'_1 \cdots i'_N} \tag{5.13}$$

条件熵的计算式为

$$\begin{aligned} H(\text{ID}_N | \text{ID}_1, \cdots, \text{ID}_{N-1}) &= H(\text{ID}_1, \cdots, \text{ID}_N) - H(\text{ID}_1, \cdots, \text{ID}_{N-1}) \\ &= H(\text{MIS}) - H(\text{MIS}^{(N-1)}) \end{aligned} \tag{5.14}$$

根据极限熵定理，马尔可夫信源的极限熵 H_∞ 有如下近似计算公式：

$$\begin{aligned} H_\infty &= \lim_{N \to \infty} H(\text{ID}_1, \text{ID}_2, \cdots, \text{ID}_N) \\ &= \lim_{N \to \infty} H(\text{ID}_N | \text{ID}_1, \cdots, \text{ID}_{N-1}) \\ &= \lim_{N \to \infty} \left[H(\text{MIS}) - H(\text{MIS}^{(N-1)}) \right] \\ &\approx H(\text{MIS}) - H(\text{MIS}^{(N-1)}) \end{aligned} \tag{5.15}$$

5.6.2 SPP 特征

依据当前 FCB 域嵌入方法的原理分析，在 FCB 搜索过程中都是通过限制每个轨道第二个脉冲位置的搜索空间来实现嵌入消息的，因此这将改变脉冲位置的统计分布特征。利用这点性质，Ren 等[74] 设计了基于相同脉冲位置概率的隐写分析特征 (SPP 特征)。记 N_s 是总子帧数，每个子帧由 N_p 个脉冲位置和 N_t 个轨道组成，那么可以定义非零脉冲碰撞 (即选择同一轨道的同一位置) 的脉冲条件概率 (pulse conditional probability，PCP) 如下：

$$\text{PCP}_t(i, j) = \frac{1}{N_s} \sum_{f=0}^{N_s - 1} \delta \left(i_a(f, t) = i, i_b(f, t) = j \right) \tag{5.16}$$

其中，$t(0 \leqslant t \leqslant N_t - 1)$ 为轨道序号，i 和 $j(0 \leqslant i, j \leqslant N_p - 1)$ 为脉冲候选位置，$f(0 \leqslant f \leqslant N_s - 1)$ 为子帧序号，i_a 和 i_b 分别表示第 1 个非零脉冲位置和第 2 个非零脉冲位置，$\delta(\ )$ 是布尔函数，即当条件为真时等于 1，否则等于 0。

对于轨道 t 的每个脉冲位置 i，SPP 特征的计算式为

$$\mathrm{SPP}_t(i) = \mathrm{PCP}_t(i, i) \tag{5.17}$$

为了进一步降低分析特征的维度，考虑到每个轨道的嵌入效应是等价的，因此可以计算所有轨道的平均 SPP 值，称为 Fast-SPP 特征，表示为

$$\mathrm{Fast\text{-}SPP}(j) = \frac{1}{N_t} \sum_{i=0}^{N_p-1} \mathrm{SPP}(i)\delta\left(\left\lfloor \frac{i}{N_t} \right\rfloor = j\right) \tag{5.18}$$

由式 (5.18) 可得，Fast-SPP 特征的维度等于 $N_p/N_t - 1$。以 AMR-NB 12.2 kbit/s 编码模式为例，其中 $N_p = 40$、$N_t = 5$，每个轨道有 8 个候选的脉冲位置，因此 Fast-SPP 特征是 7 维。

5.6.3　SCPP 特征

为了更加充分地利用脉冲对的统计特性，Tian 等[75,76] 提出了 SCPP 特征 (statistical characteristics of pulse pairs，SCPP)，包括三个子特征集，分别是长时特征集 (long-term feature set，LTFS)、短时特征集 (short-term feature set，STFS) 和轨道间特征集 (track-to-track feature set，TTFS)。

1) LTFS 特征集

LTFS 特征集是度量脉冲对的概率分布，其计算表达式为

$$P(x, y) = \frac{1}{N_s} \sum_{i=0}^{N_s-1} \left(\delta\left(p_{i,j} = x, p_{i,j+T} = y\right) \| \delta\left(p_{i,j} = y, p_{i,j+T} = x\right)\right) \tag{5.19}$$

其中，$p_{i,j}$ 表示第 i 个子帧中第 j 个轨道的脉冲，T 是每个子帧包含的轨道数，即式 (5.18) 中的 N_t，$(p_{i,j}, p_{i,j+T})$ 表示一个脉冲对。

2) STFS 特征集

记 $p\left((a,b)|(c,d)\right)$ 表示脉冲对 (c, d) 是脉冲对 (a, b) 的后继脉冲对的概率，则第 i 个轨道中脉冲对的马尔可夫转移矩阵可表示成

$$M_i = \begin{bmatrix} P\left(u_{i,0}|u_{i,0}\right) & P\left(u_{i,0}|u_{i,1}\right) & \cdots & P\left(u_{i,0}|u_{i,R-1}\right) \\ P\left(u_{i,1}|u_{i,0}\right) & P\left(u_{i,1}|u_{i,1}\right) & \cdots & P\left(u_{i,1}|u_{i,R-1}\right) \\ \vdots & \vdots & & \vdots \\ P\left(u_{i,R-1}|u_{i,0}\right) & P\left(u_{i,R-1}|u_{i,1}\right) & \cdots & P\left(u_{i,R-1}|u_{i,R-1}\right) \end{bmatrix} \tag{5.20}$$

其中，R 表示所有可能脉冲对的数量，$u_{i,j}$ 表示第 i 个轨道内的第 $j(0 \leqslant j \leqslant R-1)$ 个脉冲对。STFS 特征集是度量所有轨道的平均马尔可夫转移矩阵，即

$$M = \frac{1}{T}\sum_{i=0}^{T-1} M_i \tag{5.21}$$

3) TTFS 特征集

另外，对于第 i 和 j 个轨道的脉冲对，可以计算联合概率矩阵

$$J_{i,j} = \begin{bmatrix} P(u_{i,0},u_{j,0}) & P(u_{i,0},u_{j,1}) & \cdots & P(u_{i,0},u_{j,R-1}) \\ P(u_{i,1},u_{j,0}) & P(u_{i,1},u_{j,1}) & \cdots & P(u_{i,1},u_{j,R-1}) \\ \vdots & \vdots & & \vdots \\ P(u_{i,R-1},u_{j,0}) & P(u_{i,R-1},u_{j,1}) & \cdots & P(u_{i,R-1},u_{j,R-1}) \end{bmatrix} \tag{5.22}$$

其中，$P(u_{i,m},u_{j,n})$ 表示 $u_{i,m}$ 和 $u_{j,n}$ 的联合概率。TTFS 特征集是度量所有轨道的平均联合概率矩阵，即

$$J = \frac{2}{T(T-1)}\sum_{i=0}^{T-1}\sum_{j=i+1}^{T-1} J_{i,j} \tag{5.23}$$

以 AMR-NB 12.2 kbit/s 编码模式为例，可以计算 LTFS、STFS 和 TTFS 的特征维度等于 $180 + 2 \times 1296 = 2772$ 维。

4) 特征优化与降维

为进一步降低隐写分析特征的维度，利用脉冲相关性对特征进行降维优化，获得子帧级脉冲相关性特征 (subframe-level pulse correlation，SPC 特征) 和轨道级脉冲相关性特征 (track-level pulse correlation，TPC 特征)。

SPC 特征由同一子帧中脉冲的自信息定义，其计算式为

$$\mathrm{SPC}(x,y) = -\log_2\left(\frac{2}{L(L-1)}\sum_{i=0}^{L-1}\sum_{j=i}^{L-1}\delta\left(\langle p_i,p_j\rangle = \langle x,y\rangle \| \langle y,x\rangle\right)\right) \tag{5.24}$$

其中，x 和 y 指脉冲位置，L 是子帧中的中脉冲数，p_i 是子帧的第 i 个脉冲。以 AMR-NB 12.2 kbit/s 编码模式为例，$L = 10$，x、$y \in \{0,1,\cdots,7\}$。

TPC 特征由同一轨道内脉冲的互信息定义，其计算式为

$$\mathrm{TPC}(x,y) = P(x,y)\log_2\frac{P(x,y)}{P(x)P(y)} \tag{5.25}$$

其中，x 和 y 分别表示同一轨道第 1 个和第 2 个脉冲位置，$P(x)$ 表示 x 的边缘概率分布，$P(x,y)$ 表示 x 和 y 的联合概率分布。

可以计算 SPC 特征和 TPC 特征分别是 36 维和 64 维，总维度等于 100 维，特征维度得到极大地降低。

5.6.4 SRCNet 分析网络

Gong 的方法[78] 结合了循环神经网络 (recurrent neural network，RNN) 和卷积神经网络 (convolutional neural network，CNN) 的特点，设计了一个 SRCNet 分析网络用于分析 FCB 域隐写，图 5.5 是 SRCNet 分析网络的结构图。

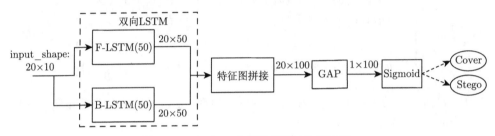

图 5.5   SRCNet 分析网络的结构示意图

SRCNet 网络主要包括双向长短时记忆循环神经网络 (bidirectional long short-term memory，双向 LSTM)、特征图拼接、全局平均池化层 (global average pooling，GAP) 和 sigmoid 二分类器。依据 LSTM 网络的要求，网络的输入可以表示为 (time_steps,data_dim)。例如，采用 AMR-NB 12.2 kbit/s 编码模式和 0.1 秒 (20 个子帧) 的检测粒度，由于每个子帧包含 10 个脉冲，因此网络的输入尺寸为 20×10，即 time_steps = 20 和 data_dim = 10。网络输出根据 sigmoid 函数值来判定是正常样本或隐写样本。

为了充分利用语音流的时序特征，SRCNet 引入了 LSTM 来学习子帧间脉冲位置的相关性。LSTM 是 RNN 的改进版本，是为了解决 RNN 的梯度爆炸与梯度消失问题提出的。相关研究和实验表明，通常使用双向 LSTM 比单层 LSTM 能取得更好的效果。双向 LSTM 可以等价成由一个前向 LSTM(F-LSTM) 和一个后向 LSTM(B-LSTM) 两个单层的 LSTM 网络组成的，每个单层 LSTM 可以表示为 LSTM(units)，其中 units 表示隐状态的维度。SRCNet 网络中设置 units 等于 50，因此经过双向 LSTM 后可以获得 2 个 20×50 的特征图，即网络把数据维度由 10 变成 50。然后，将它们拼接成 20×100 的特征图，并输入到 GAP 层。最后，将获得的 1×100 维特征输入 sigmoid 层用于分类决策。

我们可以计算 SRCNet 网络中 RNN 部分需要学习的参数个数为 $2 \times 4 \times [(10 + 50) \times 50 + 50] = 18300$ 个，CNN 部分需要学习的参数个数为 $100 \times 1 + 1 =$

101 个。因此，SRCNet 网络的学习参数共有 18401 个。

5.7 本章小结

本章介绍了固定码本域 (FCB 域) 的隐写方法与隐写分析方法，FCB 域是 ACELP 编码中一个很合适的可嵌域，相比于自适应码本域 (ACB 域) 和线性预测系数域 (LPC 域)，FCB 域的嵌入容量具有明显优势。首先，利用 ACELP 的编码特点，对三个嵌入域做了对比分析，阐述了各自域的嵌入思想。然后，为了后面能够更清楚地对隐写算法的原理进行描述，详细介绍了编码器中 FCB 搜索算法的基本原理与实现流程。在此基础上，分别介绍了 Geiser-Vary 算法、ASOPCC 算法和 AFA 算法三种代表性 FCB 域隐写方法的原理，并对它们的性能做了简单分析。最后，介绍了一些针对 FCB 域的通用隐写分析特征或方法，主要包括马尔可夫转移概率特征、信源熵率特征、SPP 特征、LT/ST/TTFS 特征和 SPC 特征等，以及一种 SRCNet 分析网络，它结合 RNN 和 CNN 两种神经网络的优点。

思 考 题

(1) 熟悉 ACELP 的编码原理和流程，掌握三个嵌入域的基本思想和隐写特点，从原理上分析比较它们对语音质量的影响。

(2) 针对 AMR 编码器，实现 Geiser-Vary 算法、ASOPCC 算法和 AFA 算法的嵌入过程和提取过程，计算算法的时间复杂度，并与理论分析结果比较是否吻合？

(3) 针对本章介绍的几种通用隐写分析特征，从原理分析比较它们的区别与联系，通过构建马尔可夫链模型给出一些基本特征的设计方法，并用实验进行验证。

(4) 从原理上分析 SRCNet 网络对输入尺寸限制的问题，试试给出一些解决方案。

第 6 章　基音延迟域隐写及其分析

为了便于读者更好地理解基音延迟域隐写方法的原理，本章首先讲述语音产生模型和基音延迟等基本概念，并阐述基音延迟域隐写的基本思想。然后，介绍一些常用语音编码器采用的自适应码本搜索算法的原理和流程。在此基础上，详细讲述几种经典的基音延迟域隐写算法的基本原理，分别是 Huang-ACBstego 算法[79]、Liu-ACBstego 算法[80]、PDU-AAS 算法[81] 和 PDAS 算法[82]。最后，介绍针对基音延迟域的隐写分析方法。

6.1　基本思想与隐写算法的发展

发浊音过程中，气流通过声门使声带产生张弛振荡式振动，产生一股准周期脉冲气流，这种准周期脉冲的周期称作基音 (pitch) 周期，它携带着语音中的大部分能量。基音周期是声带每开启和闭合一次的时间，它的倒数称为基音频率。基音周期是描述语音特征的一个重要参数，它受声道的易变性及声道特征的影响，即使是同一个人在不同情态下发音的基音周期也不同，因此基音周期的准确检测很难，具有良好的隐蔽性。此外，实验表明对于由基音预测的微调造成的基音频率误差与语音信号基音频率呈正比，并且对合成语音造成的影响很小[83]。从语音编码的角度分析，与基音周期有关的编码过程包括开环基音分析和自适应码本 (adaptive codebook，ACB) 搜索。前者用于估计语音帧的开环基音周期，在此基础上，后者再进行子帧的闭环基音搜索和自适应码本矢量计算，并输出基音延时和基音滤波器增益。因此，在自适应码本搜索过程中，可以通过修改子帧的基音周期实现消息嵌入 (基音延迟域隐写也称为 ACB 域隐写)。由于子帧的基音周期是在一定范围内修改，自适应码本搜索算法仍能在限制条件下获得当前的最优值，并且利用合成分析方法在后续编码过程中损失质量会获得补偿，因此基音延迟域的隐写算法可以保证重建语音的质量，具有较高的隐蔽性。

对于不同的语音编码算法，虽然基音延迟域的隐写方法有差异，但是该域隐写方法的基本思想都是通过控制闭环基音搜索的范围来编码信息，进而实现消息嵌入。我们先简要回顾一下基于基音延迟域隐写方法的发展及趋势。早在 2009 年，Nishimura[84] 就提出了针对 AMR-NB 编码的基音延迟隐写方法，该方法采用了自适应基音量化 (adaptive pitch quantization，APQ) 可动态调整量化步长和嵌入位置，在 MOS 值下降 0.1 以内时嵌入容量可达到 220 bps。在此基础上，

Nishimura[85] 又提出了一种带宽扩展算法，以适配 AMR-WB 编码。2012 年，Yu 等[86] 针对 AMR-WB 编码提出了修改基音周期参数的整数部分来隐藏信息，该算法可以抵抗基于浊音特性的语音压缩域隐写分析。Huang 等[79] 针对 G.723.1 编码提出了修改基音周期整数部分的搜索范围实现消息嵌入，该算法的嵌入容量可以达到 4 比特/帧 (133.3 bps)。2015 年，Yan 等[87] 针对 G.729 编码中第 2 个子帧的基音参数，提出了一种 3 层隐写算法，该算法使用了两次矩阵编码来提高隐藏容量，实验表明算法具有较好的实时性和安全性。2019 年，Liu 等[80] 针对 ACELP 编码提出了一种基于分数基音周期参数的隐写算法，算法仅修改分数基音周期的分数部分而不会修改其整数部分，以实现算法的嵌入容量、嵌入透明性和抗隐写分析性的权衡。Ren 等[81] 针对 AMR 编码提出了一种基于基音延迟的自适应隐写算法 (AMR adaptive steganographic scheme based on pitch delay of unvoiced speech，PDU-AAS 算法)，算法选择语音的清音片段进行嵌入，并依据相邻基音周期的分布特征自适应地选择嵌入位置，以更好保持基音周期的短时相对稳定性。Gong 等[82] 针对 AMR 编码提出一种基于最小化失真嵌入的自适应隐写算法 (pitch delay adaptive steganography，PDAS)，算法利用基音周期的帧间短时稳定性和子帧间的相关性设计代价函数，并使用 STC 码进行嵌入编码，提高算法的安全性。从发展趋势来看，基音延迟域的隐写方法从优化嵌入位置逐步发展到利用隐写码和失真函数实现最优嵌入，提高算法抵抗隐写分析的能力；另外，为适应语音流的实时性要求，研究轻量级的快速隐写方法也是未来的一个发展趋势。

6.2 ACB 搜索算法

考虑到 ACELP 编码是当前使用最广泛的语音编码算法之一，涉及的编码标准有 AMR-NB、AMR-WB、G.729a 和 G.723.1 等，因此本节主要以 ACELP 编码器为例来讲述自适应码本 (ACB) 搜索算法的原理。

在预处理阶段，语音编码器首先按照固定的时间长度 (如 20 ms) 对语音流进行分帧，每帧作为独立的编码单元，然后每一帧又分为 4 个子帧。在编码阶段，语音编码器主要是通过线性预测分析、基音预测分析和固定码书的参数特征值分析获得所需要的特征参数。编码过程包括预处理、线性预测分析和量化、感觉加权、开环基音分析、脉冲响应和目标信号的计算、自适应码本搜索、自适应码本和固定码本的增益量化等步骤。相反地，语音解码器利用各种声学参数来合成语音信号。解码过程包括参数解码和语音合成、高通滤波、上采样和插值、高频带信号处理等步骤。

基音延迟 (pitch delay) 的估计也称为基音预测分析，它是低速率语音编码器中的一个重要环节。基音预测分析[88] 主要包括开环基音估计和 ACB 搜索，ACB 搜索具体又包括闭环基音搜索和自适应码本矢量计算。每帧需进行两次开环基音估计，分别是前两个子帧做一次、后两个子帧再做一次。开环基音的估计值并不会进行编码，而是为 ACB 搜索算法中闭环基音搜索提供参考的搜索范围。为进一步更清楚地描述 ACB 搜索算法的原理，下面分别以 AMR、G.723.1 和 G.729 等几种常见的语音编码器为例来讲述。

6.2.1　AMR-NB 编码器

以 AMR-NB 12.2 kbit/s 编码模式为例，它的编码帧长度是 20 ms 帧，每一帧分成 4 个等长的 4 ms 子帧，每个子帧估计其对应的基音延迟。如图 6.1 所示，自适应码本的搜索过程包括开环基音估计和闭环搜索两个阶段。首先，将输入语音信号转换为加权语音信号；然后，对前 2 个子帧和后 2 个子帧分别计算得到 2 个开环基音周期的估计值 T_{OL1} 和 T_{OL2}；最后，利用闭环搜索计算每个子帧的基音延迟和增益，它是在开环基音周期的估计值附近搜索得到的。每个子帧的基音延迟包括两部分：整数基音延迟和分数基音延迟。对于第 1 和第 3 号子帧，它们的整数基音延迟是分别基于 T_{OL1} 和 T_{OL2} 搜索得到的；对于第 2 和第 4 号子帧，它们的整数基音延迟是分别基于第 1 和第 3 号子帧的整数基音延迟搜索得到的。

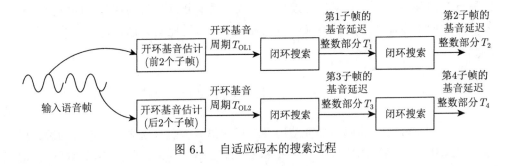

图 6.1　自适应码本的搜索过程

下面举一个例子。考察第 1 号子帧，其整数基音延迟为 $T_1 \in [18, 143]$。假设在闭环基音估计阶段，第 1 号子帧的开环基音估计值为 T_{OL1}，那么其整数基音延迟的搜索范围 T_1 可表示为

$$T_1 \in \begin{cases} [18, 24], & T_{OL1} < 21 \\ [T_{OL1} - 3, T_{OL1} + 3], & 21 \leqslant T_{OL1} \leqslant 140 \\ [137, 143], & T_{OL1} > 140 \end{cases} \tag{6.1}$$

搜索最优的整数基音延迟的判定准则是最小化原始语音和合成语音的均方误差 (mean square error，MSE)。当最优的整数基音延迟确定后，再在其附近利用

归一化相关插值来获得分数基音延迟。从搜索的判定条件，我们也可以发现，要精准预测最优的整数基音延迟是很困难的，也即整数基音延迟的预测存在冗余性。因此，可以通过修改它的闭环搜索范围来编码隐藏信息。

6.2.2 AMR-WB 编码器

AMR-WB 编码器主要采用 12.8 kHz 的采样率，它同样是每次以 20 ms 语音为一帧进行编码，每个帧分为 4 个子帧。ACB 搜索算法是以子帧为单元进行处理的，它的输出参数是子帧的基音周期和基音滤波器增益。ACB 搜索算法的原理和执行流程如下。

(1) 对每个子帧，利用闭环基音搜索求解子帧的最优整数基音周期，其中最优基音周期满足原始语音信号和重构语音信号之间的均方加权误差最小。最优整数基音周期 $T_{\max}$ 的求解式为

$$T_{\max} = \max_k T_k = \max_k \frac{\sum_{n=0}^{63} x(n) y_k(n)}{\sqrt{\sum_{n=0}^{63} y_k(n) y_k(n)}} \tag{6.2}$$

其中，k $(k = 1, 2, \cdots, m)$ 的范围是通过在闭环搜索前的开环基音搜索得到的，$x(n)$ 为经过预加重处理后的目标话音信号，$y_k(n)$ 为时延 k 的滤波激励，其计算式为

$$y_k(n) = y_{k-1}(n-1) + u(-k)h(n) \tag{6.3}$$

其中，$u(n)$ $(n = -248, \cdots, 63)$ 是激励缓冲，$h(n)$ 是加权合成滤波器激励响应。通过 k 的范围可以计算得到一系列的 T_k 值，再从中选取值最大的 $T_{\max}$ 作为最优整数基音周期参数。

(2) 得到最优整数基音周期后，通过整数基音周期内插归一化相关系数求得分数基音周期，然后将基音周期编码成自适应码本索引，通过低通滤波器 $B_{\mathrm{LP}}(z)$ 计算求得自适应码本矢量 $v(n)$。其中

$$B_{\mathrm{LP}}(z) = 0.18z + 0.64 + 0.18z^{-1} \tag{6.4}$$

(3) 最后是计算自适应码本矢量增益 g_p，其计算式为

$$g_p = \frac{\sum_{n=0}^{63} x(n) y(n)}{\sum_{n=0}^{63} y(n) y(n)} \quad (0 \leqslant g_p \leqslant 0.12) \tag{6.5}$$

其中，$y(n)$ 的计算公式为

$$y(n) = v(n) * h(n) \tag{6.6}$$

为了保证稳定性，若当前子帧的 g_p 参数大于前一子帧并且 LP 参数趋于不稳定，则 g_p 等于 0.95。

6.2.3　G.723.1 编码器

以 8 kHz 采样率为例，G.723.1 编码器按照 30 ms 固定时长划分音频帧 (240 个样点)，每一帧又被分为等长的 4 个子帧 (60 个样点)。类似地，每帧计算两个开环基音估计，分别是对前两个子帧和后两个子帧 (120 个样点)。开环基音周期估计 T_{OL} 通过感知加权的语音信号 $y(n)$ 来计算，并采用下式搜索最大化的互相关 $C_{\mathrm{OL}}(j)$：

$$T_{\mathrm{OL}} = \arg\max_j C_{\mathrm{OL}}(j) = \arg\max_j \frac{\left(\sum_{n=0}^{119} y(n)y(n-j)\right)^2}{\sum_{n=0}^{119} y(n-j)^2} \quad (18 \leqslant j \leqslant 142) \tag{6.7}$$

式中，取 $C_{\mathrm{OL}}(j)$ 最大值时的指数 j 为当前两个子帧的开环基音周期估计。

第 i 个子帧的闭环基音周期 T_i $(i = 1,2,3,4)$ 是在对应的开环基音估计 $T_{\mathrm{OL}i}$ $(i = 1,2)$ 附近搜索得到的，其中 $T_{\mathrm{OL}1}$ 和 $T_{\mathrm{OL}2}$ 分别表示前两个子帧和后两个子帧的开环基音估计值。对于第 1 和第 3 号子帧，T_i 分别由 $T_{\mathrm{OL}1} \pm 1$ 和 $T_{\mathrm{OL}2} \pm 1$ 获得，对于第 2 和第 4 号子帧，T_i 是由其前继子帧 (即第 1 和第 3 号子帧) 的闭环基音周期 $-1, 0, +1, +2$ 计算得到的。

6.2.4　G.729a 编码器

G.729a 编码器将原始语音信号划分成等长的 10 ms 语音编码帧，每一帧又分为两个子帧，即每个子帧是 5 ms。同样地，为了降低 ACB 搜索算法的复杂度，先由开环基音估计得到最佳的开环基音周期 T_{OL}，然后闭环搜索只在 T_{OL} 附近搜索。

在闭环基音搜索时，当第一个子帧的基音延迟 T_1 的搜索范围为 $\left[19\frac{1}{3}, 84\frac{2}{3}\right]$ 时，搜索步长为 $\frac{1}{3}$；当 T_1 的搜索范围为 $[85, 143]$ 时，搜索步长为整数。第二个子帧的基音延迟 T_2 的搜索范围为 $\left[\lfloor T_1 \rfloor - 5\frac{2}{3}, \lfloor T_1 \rfloor + 4\frac{2}{3}\right]$，搜索步长为 $\frac{1}{3}$。闭环搜索的判定依据类似于式 (6.2)。

6.3 Huang-ACBstego 隐写算法

在第 6.2.3 小节中简单介绍了 ITU-T G.723.1 编码器的基音周期预测算法，下面将以 G.723.1 编码器为例，讲述 Huang-ACBstego 隐写算法的原理及其嵌入过程和提取过程。

6.3.1 嵌入算法

在 G.723.1 编码过程中，首先进行开环基音估计，再进行闭环基音预测。开环基音估计计算每帧音频信号的开环基音周期 T_{OL}。对每一帧，两个基音周期依次地可以通过前两个子帧和后两个子帧计算出来。按照计算式 (6.7) 可以得到开环基音周期，具体操作过程如下。

步骤 1：假设 $T_{\mathrm{OL}} = 8$、$j = 18$、$\max C_{\mathrm{OL}} = 0$。

步骤 2：使用式 (6.7) 计算 $C_{\mathrm{OL}}(j)$，当 $\begin{cases} \displaystyle\sum_{n=0}^{119} y(n)y(n-j) > 0 \\ \displaystyle\sum_{n=0}^{119} y(n-j)^2 > 0 \end{cases}$ 时，若满足

下面的条件之一，即

$$\begin{cases} \max C_{\mathrm{OL}} < C_{\mathrm{OL}}(j) \\ T_{\mathrm{OL}} - j < 18 \end{cases} \quad \text{或} \quad \max C_{\mathrm{OL}} < \frac{3}{4} C_{\mathrm{OL}}(j) \tag{6.8}$$

则令 $T_{\mathrm{OL}} = j$、$\max C_{\mathrm{OL}} = C_{\mathrm{OL}}(j)$。

步骤 3：更新 $j = j + 1$，若 $j \leqslant 142$ 则跳转到步骤 2，否则退出。

在获得基音周期 T_{OL} 后，进一步搜索闭环基音周期并嵌入隐藏信息。记 T_i ($i = 1, 2, 3, 4$) 为第 i 个子帧的闭环基音周期，$T_{\mathrm{OL}i}(i = 1, 2)$ 表示前两个子帧和后两个子帧的开环基音周期。$T_{\mathrm{OL}i}'$ 的定义如下：

$$T_{\mathrm{OL}i}' = \begin{cases} 19, & T_{\mathrm{OL}i} = 18 \\ T_{\mathrm{OL}i}, & 18 < T_{\mathrm{OL}i} \leqslant 140 \\ 140, & T_{\mathrm{OL}i} > 140 \end{cases} \tag{6.9}$$

依据编码器算法标准，闭环基音周期 T_i 的值在对应开环基音周期 $T_{\mathrm{OL}i}$ 的值附近，并且奇数子帧和偶数子帧的 T_i 值范围不同，具体可表示为

$$\begin{cases} T_1 \in U_1 = \{T_{\mathrm{OL}1}' - 1, T_{\mathrm{OL}1}', T_{\mathrm{OL}1}' + 1\} \\ T_2 \in U_2 = \{T_1 - 1, T_1, T_1 + 1, T_1 + 2\} \\ T_3 \in U_3 = \{T_{\mathrm{OL}2}' - 1, T_{\mathrm{OL}2}', T_{\mathrm{OL}2}' + 1\} \\ T_4 \in U_4 = \{T_3 - 1, T_3, T_3 + 1, T_3 + 2\} \end{cases} \tag{6.10}$$

因此，T_i 的最小值为 17、最大值为 143。

基音预测的作用通常可以认为是自适应码本的作用。对于子帧 1 和子帧 3，它们的闭环基音周期是在对应临近的开环基音周期的 ±1 范围内搜索得到的，并使用 7 比特进行编码。对于子帧 2 和子帧 4，它们的闭环基音周期使用 2 比特进行差分编码，因为它们与前继子帧的差值为 −1、0、+1 和 +2(这 4 个值)。量化和解码后的基音延迟即是 T_i。使用两个码本对基音预测器增益进行矢量量化编码，两个码本分别包含 85 个码字和 170 个码字，高比特率编码时可以使用 85-码本或 170-码本，而低比特率编码时只使用 170-码本。当使用高比特率编码时，若子帧 1 和子帧 2 的 $T_1 < 58$ 或者子帧 3 和子帧 4 的 $T_3 < 58$，则使用 85-码本进行基音增益的量化编码，否则使用 170-码本进行量化编码。

在闭环基音周期搜索过程中，通过调整子帧的基音预测 T_i 的搜索范围 U_i 来实现嵌入比特信息。例如，当待嵌入的信息比特为 “0” 时，则对 U_i 中偶数编号的元素进行子帧搜索；当嵌入比特 “1” 时，则对 U_i 中奇数编号的元素进行子帧搜索。在 G.723.1 编码中，每帧包含 4 个子帧，并且所有子帧都需要搜索闭环基音，所以可以只在部分子帧或者全部子帧进行信息嵌入。因此，隐写算法给出了 15 种子帧选择的策略，如表 6.1 所示。信息嵌入时从这 15 种策略中随机选择一种，因此平均数据嵌入率为 2.1 比特/帧 (70 比特/秒)，而不是 4 比特/帧。

表 6.1　嵌入子帧的选择策略及嵌入率

策略序号 N_i	嵌入率 (比特/帧)	选择嵌入的 子帧编号
0	1	1
1	1	2
2	1	3
3	1	4
4	2	1,2
5	2	1,3
6	2	1,4
7	2	2,3
8	2	2,4
9	2	3,4
10	3	1,2,3
11	3	1,2,4
12	3	1,3,4
13	3	2,3,4
14	4	1,2,3,4

结合表 6.1 的子帧选择策略，隐写算法的嵌入过程如下。

步骤 1：生成一个随机数 K 作为选择嵌入策略的密钥, 计算 $N_i = \mathrm{mod}(K, 15)$。

步骤 2：记 $M = [m_1, m_2, m_3, \ldots]$ $(m_i \in \{0, 1\})$ 表示待嵌入的消息比特流，并依据 N_i 查找表 6.1，获得选择嵌入的子帧和嵌入率。

步骤 3：使用如下规则进行嵌入。

(1) 当待嵌比特 m_i 为 "0" 时，调整式 (6.10) 中子帧的闭环基音周期 T_i 的搜索范围为 U_i'，以实现消息比特 m_i 的编码嵌入。

$$U_1' = \begin{cases} \{T_{\mathrm{OL1}}'\}, & \text{若 } \mathrm{mod}(T_{\mathrm{OL1}}', 2) = 0 \\ \{T_{\mathrm{OL1}}' - 1, T_{\mathrm{OL1}}' + 1\}, & \text{若 } \mathrm{mod}(T_{\mathrm{OL1}}', 2) = 1 \end{cases} \tag{6.11}$$

$$U_2' = \begin{cases} \{T_1, T_1 + 2\}, & \text{若 } \mathrm{mod}(T_1, 2) = 0 \\ \{T_1 - 1, T_1 + 1\}, & \text{若 } \mathrm{mod}(T_1, 2) = 1 \end{cases} \tag{6.12}$$

$$U_3' = \begin{cases} \{T_{\mathrm{OL2}}'\}, & \text{若 } \mathrm{mod}(T_{\mathrm{OL2}}', 2) = 0 \\ \{T_{\mathrm{OL2}}' - 1, T_{\mathrm{OL2}}' + 1\}, & \text{若 } \mathrm{mod}(T_{\mathrm{OL2}}', 2) = 1 \end{cases} \tag{6.13}$$

$$U_4' = \begin{cases} \{T_3, T_3 + 2\}, & \text{若 } \mathrm{mod}(T_3, 2) = 0 \\ \{T_3 - 1, T_3 + 1\}, & \text{若 } \mathrm{mod}(T_3, 2) = 1 \end{cases} \tag{6.14}$$

(2) 当待嵌比特 m_i 为 "1" 时，调整式 (6.10) 中子帧的闭环基音周期 T_i 的搜索范围为 U_i''，以实现消息比特 m_i 的编码嵌入。

$$U_1'' = \begin{cases} \{T_{\mathrm{OL1}}'\}, & \text{若 } \mathrm{mod}(T_{\mathrm{OL1}}', 2) = 1 \\ \{T_{\mathrm{OL1}}' - 1, T_{\mathrm{OL1}}' + 1\}, & \text{若 } \mathrm{mod}(T_{\mathrm{OL1}}', 2) = 0 \end{cases} \tag{6.15}$$

$$U_2'' = \begin{cases} \{T_1, T_1 + 2\}, & \text{若 } \mathrm{mod}(T_1, 2) = 1 \\ \{T_1 - 1, T_1 + 1\}, & \text{若 } \mathrm{mod}(T_1, 2) = 0 \end{cases} \tag{6.16}$$

$$U_3'' = \begin{cases} \{T_{\mathrm{OL2}}'\}, & \text{若 } \mathrm{mod}(T_{\mathrm{OL2}}', 2) = 1 \\ \{T_{\mathrm{OL2}}' - 1, T_{\mathrm{OL2}}' + 1\}, & \text{若 } \mathrm{mod}(T_{\mathrm{OL2}}', 2) = 0 \end{cases} \tag{6.17}$$

$$U_4'' = \begin{cases} \{T_3, T_3 + 2\}, & \text{若 } \mathrm{mod}(T_3, 2) = 1 \\ \{T_3 - 1, T_3 + 1\}, & \text{若 } \mathrm{mod}(T_3, 2) = 0 \end{cases} \tag{6.18}$$

步骤 4：重复执行步骤 3，直到所有的消息比特 $[m_1, m_2, m_3, \cdots]$ 都完成嵌入。

我们可以从理论上分析上述嵌入算法对语音基音周期的预测误差。当 G.723.1 编码使用 8 kHz 采样率时，在闭环基音周期搜索过程中一次比特信息嵌入至多会引入一个采样点误差。所以信息嵌入导致基音周期预测的绝对误差 $g(x)$ 可以通过如下公式计算：

$$g(x) = \begin{cases} \dfrac{8000}{x} - \dfrac{8000}{x+1}, & x = 17, \cdots, 142 \\ \dfrac{8000}{x} - \dfrac{8000}{x-1}, & x = 18, \cdots, 143 \end{cases} \tag{6.19}$$

因此，当基音周期 $x = 17$ 时，那么 $g(x)$ 的最大值为 26.144 Hz，并且相对误差为 5.882%；当基音周期 $x = 142$ 时，那么 $g(x)$ 的最大值为 0.394 Hz，并且相对误差为 0.699%。

这表明修改基音预测值而引入的基音频率误差，与语音信号的基音频率成正比。但是效果语音合成的影响很小，尤其是对较低基音频率的语音信号。有研究发现当前最先进的基音周期预测算法的平均误差大约为 ± 0.5 个样点[89]，这表明嵌入算法引起的基音周期预测误差在正常范围内。

6.3.2　提取算法

发送方将消息数据嵌入到 G.723.1 编码的低比特率音频信号流中，然后将编码比特流发送给接收方，并且接收方可以按照如下步骤提取出隐藏消息。

步骤 1：通过协商机制，接收方获知当前语音信号帧所采用的嵌入策略 N_i。

步骤 2：使用 G.723.1 解码算法计算当前语音帧的基音周期 T_i $(i = 1, 2, 3, 4)$。

步骤 3：通过查找表 6.1 获得嵌入策略 N_i 使用的子帧编号，并利用下式解码出隐藏比特信息：

$$\begin{cases} m_i = 1, & \text{当 } \mathrm{mod}(T_i, 2) = 0 \text{时} \\ m_i = 0, & \text{当 } \mathrm{mod}(T_i, 2) = 1 \text{时} \end{cases} \tag{6.20}$$

步骤 4：重复步骤 3 直到所有语音帧解码完成，将提取的比特流 $M = [m_1, m_2, m_3, \cdots]$ 恢复成隐藏消息。

6.4　Liu-ACBstego 隐写算法

在第 6.2.1 小节中简单介绍了 AMR-NB 编码器的基本原理，该编码标准所采用的核心编码算法也是 ACELP 算法，AMR-NB 编码包括 8 种可选的码率模式，即 4.75、5.15、5.90、6.70、7.40、7.95、10.2 和 12.2 kbps，其中 12.2 kbps 码率模式最常使用。它采用 8 kHz 采样率和 20 ms 的固定帧长度，也即每帧包含 160 个样点，每一帧又等分成 4 个子帧 (即 40 个样点)。

假设 T_{OL1} 和 T_{OL2} 分别表示两个开环基音周期，T_i $(i = 1, 2, 3, 4)$ 表示第 i 个子帧的基音延迟。当码率模式选择 12.2 kbps 时，开环基音周期的范围为 $[18, 143]$。在闭环基音搜索过程中，通过 T_{OL1} 和计算原始语音信号与重构语音信号之间的最小化均方加权误差获得 T_1 的值。同样的方法，通过 T_{OL2} 可以获得 T_3 的值。使原始语音和重构语音之间均方加权误差最小，即使下式最大：

$$R(k) = \frac{\sum_{n=0}^{39} x(n)y_k(n)}{\sqrt{\sum_{n=0}^{39} y_k(n)y_k(n)}} \tag{6.21}$$

其中，$x(n)$ 是目标信号，$y_k(n)$ 是延时为 k 的激励通过滤波器的结果，并且

$$y_k(n) = y_{k-1}(n-1) + u(-k)h(n), \quad n \in [0, 39] \tag{6.22}$$

其中，$u(k)$ $(k = -(142+11), \cdots, 39)$ 是激励缓冲器的值，$h(n)$ 是感知加权合成滤波器的脉冲响应。由于 $u(k)$ $(k = 0, 1, \cdots, 39)$ 在搜索阶段是未知的，所以在基音延时小于 40 时，为使搜索简单化，将线性预测残差存入 $u(k)$，使得式 (6.22) 对所有延时都有效。

式 (6.21) 中，令 $R(k)$ 取最大值，即可确定最佳的整数基音延迟。再通过最佳的整数基音延迟附近搜索分数基音延迟，搜索范围是 $\left[-\frac{3}{6}, \frac{3}{6}\right]$ 和搜索步长为 $\frac{1}{6}$。方法是计算内插归一化相关系数并搜索它的最大值，内插使用一个基于汉明窗的 sinc 函数 FIR 滤波器，截断在 ± 23 处。内插后的 $R(k)$ 值可由下式得到：

$$R(k)_t = \sum_{i=0}^{3} R(k-i)b_{24}(t+6i) + \sum_{i=0}^{3} R(k+1+i)b_{24}(6-t+6i) \tag{6.23}$$

其中，$t = 0, 1, \cdots, 5$ 分别对应 6 个分数，b_{24} 是 FIR 滤波器。通过使 $R(k)_t$ 最大，即可确定 t 值，由此获得分数基音延迟。当使用 12.2 kbps 码率模式时，T_1 和 T_3 的搜索范围为 $\left[17\frac{3}{6}, 94\frac{3}{6}\right]$。如果搜索范围是 $[95, 143]$，那么 T_1 和 T_3 是整数。T_2 和 T_4 的搜索范围分别是 $\left[T_1 - 5\frac{3}{6}, T_1 + 4\frac{3}{6}\right]$ 和 $\left[T_3 - 5\frac{3}{6}, T_3 + 4\frac{3}{6}\right]$。

下面将以 AMR-NB 编码器为例，讲述 Liu-ACBstego 隐写算法的原理及其嵌入过程和提取过程。其中，嵌入过程是在 AMR-NB 编码时进行的，而提取过程是在 AMR-NB 解码时完成的。

6.4.1 嵌入算法

与 Huang-ACBstego 算法不同，Huang-ACBstego 算法是修改基音周期的整数部分进行消息嵌入，而 Liu-ACBstego 算法是通过修改基音周期的分数部分实现消息嵌入。

在 AMR 编码过程中，尽管编码速率有多种不同模式并且整数基音延迟范围不是很确定，但是分数基音延迟编码相对保持稳定。除了最大编码速率模式 (即码率为 12.2 kbps)，它的分数基音延迟具有 6 种状态 (即 $\pm\frac{1}{6}$、$\pm\frac{2}{6}$ 和 $\pm\frac{3}{6}$)，其他 7 种编码速率模式的分数基音延迟均仅具有 4 种状态。因此，如果使用分数基音延迟参数作为隐写嵌入域，那么无论实际网络条件如何变化，都可以达到最稳定的状态。从理论上分析，每一帧至少可以嵌入 8 比特隐藏消息 (因为 4 种状态可以编码 2 比特信息)。

为了提高隐写算法的安全性，隐写过程中将使用自适应局部匹配隐写方法 (adaptive partial-matching steganography，APMS)[90]。消息嵌入前，将待隐藏消息划分成多个等长的片段，并且利用线性反馈移位寄存器 (linear feedback shift register，LFSR) 获得 3 个 m 序列 S、S^* 和 S^+。在嵌入过程中，首先使用 m 序列 S 对消息部分进行加密，然后计算消息部分和分数基音延迟部分的局部相似度 (partial similarity value，PSV)。如果 PSV 值达到了设定的阈值，那么它将被替换，否则保持不变。m 序列 S^+ 是用来加密标志位的，使得消息接收方能够准确地提取隐藏消息。假设发送方将发送长度为 L_M 比特的消息 $M = \{m_i = 0$ 或 $1 \mid i = 0, 1, \cdots, L_M-1\}$，并使用 n 阶 LFSR 生成三个 m 序列 $S = \{s_i = 0$ 或 $1 \mid i = 0, 1, \cdots, P-1, P = 2^n-1\}$、$S^+ = \{s_i^+ = 0$ 或 $1 \mid i = 0, 1, \cdots, P-1, P = 2^n-1\}$ 和 $S^* = \{s_i^* = 0$ 或 $1 \mid i = 0, 1, \cdots, P-1, P = 2^n-1\}$。其中，$P$ 是 m 序列的周期。分数基音延迟参数 $B = \{b_i = 0$ 或 $1 \mid i = 0, 1, \cdots, L_B-1\}$，可以用来嵌入隐藏消息，其中 L_B 是分数基音延迟的长度。B 可以分成 R 个片段 $B_i = \{L_{i0}, L_{i1}, \cdots, L_{i(n-1)}\}$ $(i = 0, 1, \cdots, R-1, n = \frac{L_B}{R}, L_{ij} = b_{(i\times n+j)}, j = 0, 1, \cdots, n-1)$。$M$ 可以分为 Q 个片段 $M_i = \{L_{i0}, L_{i1}, \cdots, L_{i(n-1)}\}$ $(i = 0, 1, \cdots, Q-1, n = \frac{L_M}{Q}, L_{ij} = m_{(i\times n+j)}, j = 0, 1, \cdots, n-1)$。对于给定的 M_i 和 B_j，消息的嵌入过程描述如下。

步骤 1：(加密) 使用 m 序列 S 加密消息片段 M_i，计算表达式为

$$M_i^* = E(M_i, S) = \sum_{j=0}^{n-1} M_{ij}^* = \sum_{j=0}^{n-1} (M_{ij} \oplus s_k) \tag{6.24}$$

其中，$M_i = \{L_{i0}, L_{i1}, \cdots, L_{i(n-1)}\}$，$i = 0, 1, \cdots, Q-1$，$n = \frac{L_M}{Q}$，$L_{ij} = m_{(i\times n+j)}$，$j = 0, 1, \cdots, n-1$，$k = i \times n + j \pmod{P}$。

步骤 2：(计算相似度) 计算 B_j 和 M_i^* 的 PSV 值，记作 $\varepsilon(B_j, M_i^*)$。

步骤 3：(消息嵌入) 设置 η_1 和 η_2 是 PSV 值的两个阈值，且 $0 \leqslant \eta_1 \leqslant \eta_2 \leqslant n$。所以，基于局部匹配的嵌入规则可以表示如下：

$$\phi(B_j, M_i^*) = \begin{cases} B_j, & \varepsilon(B_j, M_i^*) < \eta_1 \\ (1 - s_k^*)B_j + s_k^* M_i^*, & \varepsilon(B_j, M_i^*) < \eta_2 \\ M_i^*, & \varepsilon(B_j, M_i^*) \geqslant \eta_2 \end{cases} \quad (6.25)$$

其中，$s_k^* \in S^*$，B 是分数基音延迟参数。当 $\eta_1 = \eta_2 = n$ 时，算法的嵌入率最低但不可感知性最好；当 $\eta_1 = \eta_2 = 0$ 时，算法的嵌入率最大但不可感知性最差。

步骤 4：(信号传递机制) 为了使接收方能够正确提取隐藏消息，需要利用标记位记录嵌入隐藏消息的位置，假设每个语音帧有 R 个标记比特 $\mathrm{FB} = \{\mathrm{fb}_1, \mathrm{fb}_2, \cdots, \mathrm{fb}_R\}$，其中

$$\mathrm{fb}_j = \begin{cases} 1, & \varepsilon(\phi(B_j, M_i^*), M_i^*) = n \\ 0, & \varepsilon(\phi(B_j, M_i^*), B_j) = n \end{cases} \quad (6.26)$$

从式 (6.26) 可以发现，当 $\mathrm{fb}_j = 1$ 时，第 j 个可隐写位置块的 LSB 位将被替换，以嵌入隐藏消息；否则，LSB 位不改变。

6.4.2 提取算法

隐藏消息的提取过程比嵌入过程相对简单，具体过程描述如下。

步骤 1：(解码自适应码本并提取整数基音延迟) 接收方通过解压接收到的语音压缩文件获得每个语音帧的自适应码本参数。

步骤 2：(提取 m 序列) 接收方提取 m 序列 S 和 S^+。

步骤 3：(解密标记位) 使用 S 和 S^+ 解密标志位。

步骤 4：(提取嵌入消息) 根据标志位，接收方可以确定 LSB 部分是否已嵌入隐藏消息，并通过 m 序列 S 对其进行解密。

值得注意的是，当第 1 和 3 个子帧的整数基音延迟在 $[95, 143]$ 范围内时，基音延迟是一个整数，所以该范围内的基音延迟参数不能嵌入隐藏信息。但是实验结果统计显示，在 10 个小时的混合语音样本 (包括中文和英文、男声和女声) 中，符合这些范围的值仅占所有子帧总数的 6%。

6.5 PDU-AAS 隐写算法

通过分析 AMR 语音中清音和浊音的基音延迟分布规律，Ren 等[81] 发现这两者的分布特征具有很明显的差异。实验比较了基音延迟序列的熵值、方差和变异系数，浊音序列的值都很小且接近于 0，这表明它有短时的相对稳定性；相反地，清音序列的值都很大，这表明它是不稳定的，且有明显的抖动现象。从 AMR 编码过程来看，清音没有周期性特征，但是 AMR 编码器仍需要计算它的基音延迟；并且与浊音的基音延迟不同，清音的基音延迟仅仅取决于自适应码本的搜索原理。所以，现有的 AMR 隐写方法会破坏浊音基音延迟的短时相对稳定性。为

了提高隐写方法的安全性，需要利用 AMR 中清音的基音延迟序列没有短时相对稳定性的特点来设计隐写方法。

根据上述分析，清音信号的基音延迟类似于噪声信号，是一个比较安全的嵌入域。因此，基于清音基音延迟的 AMR 自适应隐写方法 (AMR adaptive steganographic scheme based on pitch delay of unvoiced speech，PDU-AAS 算法) 在清音中自适应选择嵌入位置，能够保持嵌入算法不改变基音延迟的短时相对稳定性。

PDU-AAS 算法的嵌入流程如图 6.2 所示，首先音频信号通过 AMR 编码器的自适应码本搜索获得基音延迟参数。然后，选择嵌入位置并使用嵌入算法将加密消息进行隐写编码，以自适应地修改基音延迟参数。最后，AMR 编码器继续对修改的基音延迟参数进行编码，生成隐写语音码流。

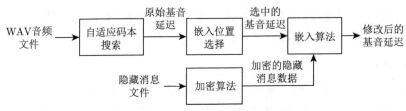

图 6.2　PDU-AAS 算法的嵌入过程示意图

下面将详细讲解嵌入位置的选择、嵌入算法和提取算法的原理。

6.5.1　嵌入位置的选择

为了嵌入隐藏信息，首先第一步是要区分清音信号和浊音信号。通常在音频信号处理方法中，利用音频信号的周期性来区分清音信号和浊音信号的，但是这种方法的计算复杂度很高。为了降低计算代价，我们还可以通过清音信号和浊音信号的基音延迟序列的分布不同，以区分他们。

在 AMR 自适应码本搜索过程中，每个编码帧包含 4 个子帧 $T_i(i = 1, 2, 3, 4)$。偶数子帧的基音延迟是基于其前继奇数子帧的基音延迟，且在很小范围内搜索获得的。因此，不论是对于浊音信号还是清音信号，T_1 和 T_2 之间或 T_3 和 T_4 之间的差异都在很小的范围内。但是，由于奇数子帧的基音延迟是根据开环基音估计获得的，所以浊音信号的相邻奇数子帧之间的基音延迟差异很小，而清音信号的差异将很明显。因此，相邻奇数子帧之间的基音延迟之差可以用于区分浊音语音信号和清音语音信号。

可以通过实验分析的方法来确定基音延迟差值的阈值。记 $P_{\text{odd}} = (p_0, p_1, \cdots, p_t, \cdots, p_{N-1})$ 表示奇数子帧的基音延迟序列，其中 N 为序列中基音延迟参数的总数，t 为基音延迟序列的时间序号。浊音和清音语音信号中相邻奇数子帧的基音延迟差分别记为 D_{voiced} 和 D_{unvoiced}，即 $D(t) = p_t - p_{t-1}(t = 1, 2, \cdots, N-1)$。

记 $F_{\text{voiced}}(v)$ 和 $F_{\text{unvoiced}}(v)$ 分别表示基音延迟差分等于 v 时 D_{voiced} 和 D_{unvoiced} 出现的概率，它们的计算式为

$$F_*(v) = \frac{\sum_{t=1}^{N-1}(D_*(t)=v)}{N-1} \tag{6.27}$$

其中，$*$ 表示 voiced 或 unvoiced。由于基音延迟的取值范围在 18 到 143 之间，因此相邻奇数子帧的基音延迟差分在 -125 到 125 之间，即 $v \in [-125, 125]$。

文献 [81] 给出了 $D_*(t)$ 的概率分布，并得到如下结论：①对于浊音信号，相邻奇数子帧的基音延迟差分主要分布在 -7 到 7 的范围内，其他方差值的概率很小；②对于清音信号，相邻奇数子帧的基音延迟方差在 -125 到 125 范围内随机分布。因此，当 $|D_*(t)| \leqslant 7$ 时，奇数子帧很大概率属于浊音信号，它们不适宜用于嵌入消息。图 6.3 给出了嵌入位置的选择算法流程，当且仅当 $|p_{t-1}-p_t| > 7$ 和 $|p_{t+1}-p_t| > 7$ 条件满足时，选择 p_t 为可嵌入位置。

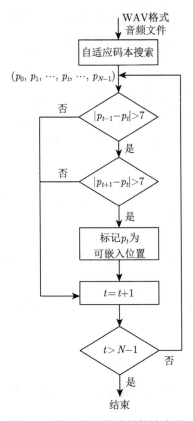

图 6.3 嵌入位置的选择算法流程

6.5.2　嵌入算法

隐写算法选择在 AMR 清音信号的奇数子帧嵌入消息，由于满足条件的嵌入位置很多并且奇数子帧的基音延迟可修改幅度很大，因此算法可以获得很大的嵌入容量。隐写算法的嵌入规则可以表示为

$$p_t' = \begin{cases} p_{t\_0}' : p_{t-1} + (\Delta + (m)_{10}) \\ p_{t\_1}' : p_{t-1} - (\Delta + (m)_{10}) \end{cases} \tag{6.28}$$

其中，p_t' 表示嵌入消息 m 后原始奇数子帧的基音延迟 p_t 的修改值，$(m)_{10}$ 是隐藏消息的十进制表示。Δ 是修改幅度常量，为了保证能够正确区分浊音和清音，一般取 $\Delta = 8$。p_{t_0}' 和 p_{t_1}' 是两种嵌入操作策略，分别表示加法嵌入和减法嵌入，在嵌入过程中可以随机选择其中一种以增强嵌入算法的安全性。

由于 AMR 编码中基音延迟的搜索范围是 $[18, 143]$，因此可以估算每次修改可以嵌入的最大消息比特数为 $\left\lfloor \log_2 \frac{143 - 18 - 2\Delta}{2} \right\rfloor = 5$ 比特。在使用式 (6.28) 进行嵌入运算时，由于加法嵌入和减法嵌入是随机选择的，因此可能导致嵌入消息后 p_t' 超出正常取值范围，此时需要按照下式做校正：

$$p_{t\_0}' = \begin{cases} p_{t\_0}', & \text{当 } p_{t\_0}' \leqslant 143 \\ p_{t\_0}' - 124, & \text{当 } p_{t\_0}' > 143 \end{cases} \tag{6.29}$$

$$p_{t\_1}' = \begin{cases} p_{t\_1}', & \text{当 } p_{t\_1}' \geqslant 20 \\ p_{t\_1}' + 124, & \text{当 } p_{t\_1}' < 20 \end{cases} \tag{6.30}$$

嵌入算法的操作流程如图 6.4 所示，为了保证能够正确提取隐藏消息，还需要满足条件 $|p_{t+1} - p_t'| > 7$。

6.5.3　提取算法

提取算法的操作过程如图 6.5 所示，对于奇数基音延迟序列 $P_{\text{odd}}' = (p_0', p_1', \cdots, p_t', \cdots, p_{N-1}')$，当 $|p_{t-1}' - p_t'| > 7$ 且 $|p_{t+1}' - p_t'| > 7$ 时表明 p_t' 携带了隐藏消息。此时，如果 $|p_{t-1}' - p_t'| > 40$ 则需要按照下式进行逆变换操作：

$$p_t' = \begin{cases} p_t' - 124, & p_t' > p_{t-1}' \\ p_t' + 124, & p_t' < p_{t-1}' \end{cases} \tag{6.31}$$

在逆变换操作后，可以利用下式提取出 5 比特消息：

$$(m)_{10} = |p_{t-1}' - p_t'| - \Delta \tag{6.32}$$

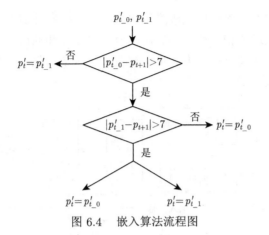

图 6.4　嵌入算法流程图

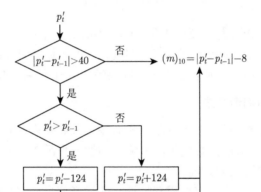

图 6.5　提取算法流程图

6.6　PDAS 隐写算法

为了进一步保持基音延迟的统计特性,提高隐写算法的抗分析检测性能,Gong 等[82] 针对 AMR 编码提出了一种基于基音延迟自适应修改的隐写算法 (pitch delay adaptive steganography,PDAS 算法)。它同样是采用了通用的基于最小化失真的自适应隐写框架,通过构造失真代价函数并利用 STCs 隐写编码实现最优化隐写嵌入。代价函数的构造不仅考虑了相邻帧基音延迟的短时稳定性,还考虑了帧内基音延迟的相关性。下面将详细讲述 PDAS 隐写算法的总体框架、失真函数的构造方法,以及嵌入过程和提取过程。

6.6.1　算法的框架设计

PDAS 算法采用的最小化隐写失真框架,主要包括失真函数构造和 STC 隐写编码,实现基音延迟域的自适应隐写嵌入,算法流程如图 6.6 所示。PDAS 算法主要在自适应码本搜索过程完成隐写嵌入，首先分别计算基音延迟的二阶差分和计算帧内基音延迟的相关性；然后，结合二阶差分和帧内相关性计算单个基音延迟的修改代价，并基于加性失真模型构造失真函数；最后，利用失真函数指导STC 隐写码实现最优嵌入。

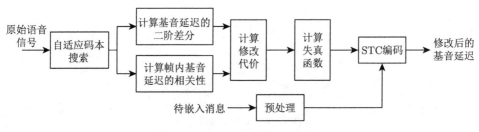

图 6.6　PDAS 算法的隐写框架

为了下面描述更清楚，使用矢量 $\boldsymbol{p} = (p_1, p_2, p_3, p_4, \cdots, p_{4t+1}, p_{4t+2}, p_{4t+3}, p_{4t+4}, \cdots)$ $(t \in \mathbb{N})$ 表示子帧的基音延迟序列，其中 t 是 AMR 编码帧的时间序号，$(p_{4t+1}, p_{4t+2}, p_{4t+3}, p_{4t+4})$ 则表示第 t 个编码帧中 4 个子帧的基音延迟序列。

6.6.2　失真函数的构造方法

PDAS 算法主要考虑了基音延迟的短时稳定性和帧内基音延迟的相关性这两个方面来度量嵌入修改的失真代价，并使用加性失真函数模型来计算总失真。

1) 基音延迟的短时稳定性

语音中浊音信号片段具有准周期特性，即浊音信号应在短时间内保持相对稳定。在 AMR 编解码器中，基音延迟是语音周期的预测估计，因此浊音信号的基音延迟序列应在周期时间内保持相对稳定。文献 [91] 已证明临近基音延迟之间的局部稳定性，并且发现现有的基音延迟域隐写算法破坏了这种稳定性。因此，作者计算了基音延迟的差分特征，并利用基音延迟二阶差分的马尔可夫转移概率矩阵来表征正常语音和隐写语音之间的差异 (图 6.7)。从图 6.7 可以看出，相比于基音延迟的一阶分布，隐写前后基音延迟的二阶差分值有明显差异，这也表明嵌入修改会破坏相邻基音延迟的稳定性。

受到文献 [91] 工作的启发，PDAS 算法利用基音延迟的二阶差分值来定义嵌入失真，以度量嵌入操作对基音延迟短时稳定性的影响。它的具体计算式为

$$\Delta_j^2 = |p_{j+2} - 2p_{j+1} + p_j| \quad (j = 4t+1, 4t+2, 4t+3, 4t+4, t \in \mathbb{N}) \quad (6.33)$$

如果修改较小差异的基音延迟，则将引起较大的失真，这意味着当相邻位置的基音延迟接近时则该位置不适合进行嵌入。因此，通过二阶差分代价控制在具有较小差异的基音延迟位置进行嵌入修改，可以提高针对统计隐写分析的安全性。

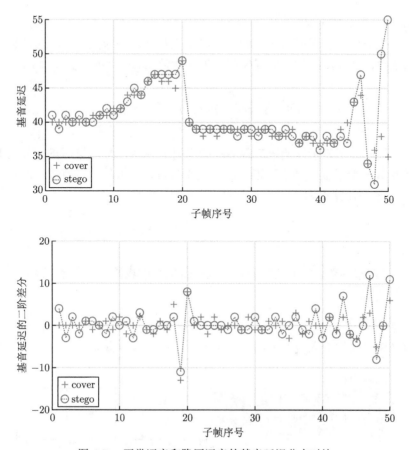

图 6.7   正常语音和隐写语音的基音延迟分布对比

2) 帧内基音延迟的相关性

从 AMR 编码中采用闭环搜索子帧的基音延迟 (图 6.1) 我们发现，第 1 号子帧和第 2 号子帧、第 3 号子帧和第 4 号子帧之间的基音延迟存在相关性，所以嵌入操作也会影响相邻子帧之间的这种相关性。很自然地，在计算嵌入失真代价时，应将相邻子帧之间的相关性作为另一个重要因素。同一帧中相邻子帧之间的基音延迟差异可以表示为式 (6.34)，以度量嵌入操作对帧内基音延迟相关性的影响。

$$R_j^{\text{Intra}} = \begin{cases} |p_j - p_{j+1}|, & j = 4t+1, 4t+3 \\ |p_j - p_{j-1}|, & j = 4t+2, 4t+4 \end{cases} \quad (t \in \mathbb{N}) \qquad (6.34)$$

式 (6.34) 反映了前两个子帧的相关性和后两个子帧的相关性。对于前后两个子帧，如果相邻子帧基音延迟的差异较小，那么修改将会引入较大的嵌入失真。因此，将消息嵌入到相邻基音延迟差异较大的位置更安全。

3) 失真函数的定义

PDAS 算法结合了基音延迟的短时稳定性和帧内基音延迟的相关性来设计总的失真函数，并采用了加性失真模型，失真函数 $D(x,y)$ 的计算表达式为

$$D(x,y) = \sum_{j=1}^{N} \rho(x_j, y_j)\delta(x_j \neq y_j) \tag{6.35}$$

其中，x 和 y 分别表示原始语音载体和隐写语音载体，N 是语音的子帧总数，ρ_j 表示修改第 j 个子帧的基音延迟的嵌入失真代价，$\delta(\cdot)$ 是布尔函数。嵌入修改代价 $\rho(x_j, y_j)$ 的计算式为

$$\rho(x_j, y_j) = \frac{\gamma}{\Delta_j^2 + \varepsilon} + \frac{1-\gamma}{R_j^{\text{Intra}} + \varepsilon} \quad (\gamma \in [0,1], \varepsilon > 0) \tag{6.36}$$

其中，γ 是调整参数，用于控制两种嵌入代价的影响权重，ε 常数是避免出现分母等于 0 的情况。

6.6.3　嵌入算法

PDAS 算法的嵌入流程如图 6.8 所示，具体嵌入步骤如下。

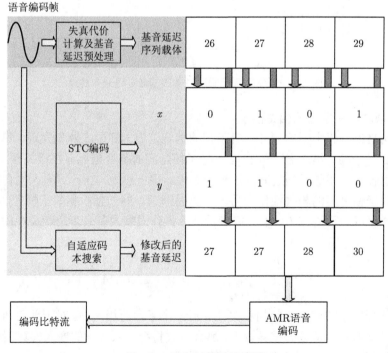

图 6.8　嵌入过程的流程图

步骤 1：预处理。AMR 编码过程中通过 ACB 搜索算法获得各子帧的基音延迟并组成基音延迟序列，利用式 (6.37) ∼ 式 (6.40) 将原始的基音延迟序列转换成 "0-1" 比特序列，作为载体比特向量。

步骤 2：计算嵌入修改代价。在步骤 1 获取每个子帧的基音延迟时，同时根据式 (6.36) 可以计算每个子帧位置的嵌入修改代价。

步骤 3：STC 编码嵌入。使用 STC 编码将消息比特按照步骤 2 的修改代价，嵌入到步骤 1 的载体比特向量中，以得到最优嵌入的载密 "0-1" 比特向量。

步骤 4：修改基音延迟搜索范围。重新进行 AMR 编码，按位比较步骤 3 的载密 "0-1" 比特向量和步骤 1 的载体 "0-1" 比特向量。如果比特不匹配，那么在 ACB 搜索时按照式 (6.37) ∼ 式 (6.40) 和载密 "0-1" 比特值对基音延迟搜索范围进行修正；否则，按照原来的搜索范围进行子帧的最佳基音延迟搜索，实现消息比特嵌入。

步骤 5：基音延迟参数编码。获得各子帧的基音延迟后，继续进行 AMR 语音编码。

下面以 AMR 12.2 kbit/s 编码模式为例，确定第 1 和第 2 个子帧的基音延迟搜索范围，类似地可以确定第 3 和第 4 个子帧的搜索规则。

(1) 当嵌入比特 "0" 时，

$$
\tilde{T}_1 \in
\begin{cases}
\{18, 20, 22, 24\}, & T_{\mathrm{OL1}} < 21 \\
\{T_{\mathrm{OL1}} - 2, T_{\mathrm{OL1}}, T_{\mathrm{OL1}} + 2\}, & 21 \leqslant T_{\mathrm{OL1}} \leqslant 140, T_{\mathrm{OL1}}\%2 = 0 \\
\{T_{\mathrm{OL1}} - 3, T_{\mathrm{OL1}} - 1, T_{\mathrm{OL1}} + 1, T_{\mathrm{OL1}} + 3\}, & 21 \leqslant T_{\mathrm{OL1}} \leqslant 140, T_{\mathrm{OL1}}\%2 = 1 \\
\{138, 140, 142\}, & T_{\mathrm{OL1}} > 140
\end{cases}
\tag{6.37}
$$

$$
\tilde{T}_2 \in
\begin{cases}
\{18, 20, 22, 24, 26\}, & \tilde{T}_1 < 23 \\
\{\tilde{T}_1 - 4, \tilde{T}_1 - 2, \tilde{T}_1, \tilde{T}_1 + 2, \tilde{T}_1 + 4\}, & 23 \leqslant \tilde{T}_1 \leqslant 139, \tilde{T}_1\%2 = 0 \\
\{\tilde{T}_1 - 5, \tilde{T}_1 - 3, \tilde{T}_1 - 1, \tilde{T}_1 + 1, \tilde{T}_1 + 3\}, & 23 \leqslant \tilde{T}_1 \leqslant 139, \tilde{T}_1\%2 = 1 \\
\{134, 136, 138, 140, 142\}, & \tilde{T}_1 > 139
\end{cases}
\tag{6.38}
$$

(2) 当嵌入比特 "1" 时，

$$
\tilde{T}_1 \in
\begin{cases}
\{19, 21, 23\}, & T_{\mathrm{OL1}} < 21 \\
\{T_{\mathrm{OL1}} - 3, T_{\mathrm{OL1}} - 1, T_{\mathrm{OL1}} + 1, T_{\mathrm{OL1}} + 3\}, & 21 \leqslant T_{\mathrm{OL1}} \leqslant 140, T_{\mathrm{OL1}}\%2 = 0 \\
\{T_{\mathrm{OL1}} - 2, T_{\mathrm{OL1}}, T_{\mathrm{OL1}} + 2\}, & 21 \leqslant T_{\mathrm{OL1}} \leqslant 140, T_{\mathrm{OL1}}\%2 = 1 \\
\{137, 139, 141, 143\}, & T_{\mathrm{OL1}} > 140
\end{cases}
\tag{6.39}
$$

$$\widetilde{T}_2 \in \begin{cases} \{19, 21, 23, 25, 27\}, & \widetilde{T}_1 < 23 \\ \{\widetilde{T}_1 - 5, \widetilde{T}_1 - 3, \widetilde{T}_1 - 1, \widetilde{T}_1 + 1, \widetilde{T}_1 + 3\}, & 23 \leqslant \widetilde{T}_1 \leqslant 139, \widetilde{T}_1 \% 2 = 0 \\ \{\widetilde{T}_1 - 4, \widetilde{T}_1 - 2, \widetilde{T}_1, \widetilde{T}_1 + 2, \widetilde{T}_1 + 4\}, & 23 \leqslant \widetilde{T}_1 \leqslant 139, \widetilde{T}_1 \% 2 = 1 \\ \{135, 137, 139, 141, 143\}, & \widetilde{T}_1 > 139 \end{cases}$$

$$\tag{6.40}$$

其中，$\widetilde{T}_1$ 和 $\widetilde{T}_2$ 分别表示修改搜索范围后获得的第 1 和第 2 个子帧的最佳基音延迟，T_{OL1} 是前两个子帧的开环基音估计，"%" 是取模运算。

从上述嵌入规则可以得到，PDAS 算法每个子帧至多可以嵌入 1 比特信息，所以它的最大嵌入容量为 $\dfrac{1\ \mathrm{bit}/\text{子帧}}{20\ \mathrm{ms}/\text{帧}} \times 4\text{子帧}/\text{帧} = 200\ \mathrm{bit/s}$。

6.6.4　提取算法

消息的提取过程相对简单，首先，AMR 解码获得各子帧的基音延迟参数；然后，通过式 (6.37) ～ 式 (6.40) 将基音延迟映射 "0-1" 比特向量；最后，利用 STC 解码 "0-1" 比特向量得到嵌入的隐藏消息。

6.7　相关的隐写分析方法

首先，我们简单回顾一下针对 ACB 域的隐写分析方法。Li 等[92] 发现隐写算法会导致相邻语音帧中自适应码书的关联特性发生改变，设计了基于码书关联网络 (codebook correlation network，CCN) 模型的分析特征向量，并结合 SVM 构建隐写检测器。实验结果表明该方法对 G.729 和 G.723.1 的自适应码本域隐写方法能够进行快速有效检测。Jia 等[93] 利用语音帧中基音周期估计值的共生特性来设计分析特征，并通过主成分分析 (principal component analysis，PCA) 进行特征降维。Ren 等[91,94] 分析了正常语音与隐写语音中相邻基音延迟的连续性差异，通过计算基音延迟的二阶差分矩阵 (matrix of the second-order difference of pitch delay，MSDPD) 的马尔可夫转移概率矩阵，并采用校准 (calibrated) 方法获得校准的 MSDPD 特征 (即 C-MSDPD 特征)，进一步提高检测正确率。Tian 等[95-97] 进一步提出了改进的 (improved)C-MSDPD 特征 (即 IC-MSDPD 特征) 和 PDOEPD 特征 (probability distribution of the odevity for pitch delay)，并将特征的总维度降到 14 维。

下面详细介绍 CCN 特征和 C-MSDPD 特征的设计原理和计算过程。

6.7.1　CCN 特征

语音中的浊音信号存在局部周期性。由于浊音因素的发音时长通常为 30 ～ 50 ms，而语音编码子帧的时长一般明显小于此范围。例如，G.723.1 编码的子帧时长为 7.5 ms，G.729 编码的子帧时长为 5 ms。所以相邻子帧很可能从属于同一个周期性信号，它们的基音预测值应该是相同的，也即相邻子帧的基音延迟等自适应码书参量具有关联性。ACB 域隐写算法的思想是通过修改基音延迟的取值或搜索范围，利用奇偶匹配编码实现隐藏信息嵌入与提取。这将不可避免地导致相邻帧基音延迟的共生特征被破坏，基于此我们可以设计相应的分析检测特征。

1) CCN 网络模型的构建与优化

为了描述帧间基音延迟和帧内基音延迟的关联特性，可以利用有向图来定义码书关联网络模型 (CCN 模型)，顶点表示语音片段中子帧的自适应码书参量 (基音延迟)，边表示其所连接的自适应码书参量之间的关联关系。考虑到帧间和帧内自适应码书的关联关系，对应地应该有帧间和帧内两种 CCN 模型。

对于 G.723.1 编码，奇数子帧 (第 1、3 号子帧) 的基音延迟使用 7 比特编码，即顶点的取值范围为 $0 \sim 127$，那么相邻两个顶点的组合关系有 16384 种；同样对于 G.729 编码，第 1 号子帧的基音延迟使用 8 比特编码，即顶点的取值范围为 $0 \sim 255$，那么相邻两个顶点的组合关系有 65536 种，数据维度太高，其统计分布特征很难获得。为了解决此问题，可以制定一些规则来去除 CCN 模型中相关性较弱的顶点关联。例如，删除连接两个 7 比特或 8 比特编码顶点之间的边，删除顶点之间时间距离超过 30 ms 的边。

上述所获得的 CCN 模型仍然过于复杂，不便于量化顶点间的关联关系。可以进一步使用剪枝处理，只保留帧间和帧内 CCN 模型中相关性最强的顶点，并通过融合得到强相关性网络。我们可以通过比较基音延迟相同的顶点数量，选出帧内和帧间关联网络中相关性最强的顶点。定义相关性指数 $R_n(i,j)$ 表示在当前处理的 N 个语音样本中，平均每段语音中第 m 帧的第 i 号子帧与第 $m+n+1$ 帧的第 j 号子帧基音延迟相同的基音对的个数。当 $n=1$ 和 2 时，$R_1(i,j)$ 和 $R_2(i,j)$ 分别代表帧内和帧间的相关性指数。

$R_n(i,j)$ 反映了关联网络中两个顶点相关性的强弱，因此我们选择帧间和帧内码书关联网络中相关性最强的顶点组成强相关网络。通过实验分析发现，G.723.1 编码的相关性指数 $R_1(1,3)$ 和 $R_2(1,1)$ 最显著，G.729 编码的相关性指数 $R_1(1,2)$ 和 $R_2(2,2)$ 最显著。至此，我们已经得到了两种低速率语音编码的强相关网络。在强相关网络中，由边所连接的顶点称为强相关顶点。下面将对两种强相关网络中的强相关顶点的关联关系进行量化，以得到隐写分析特征向量。

2) 强关联关系的量化表示

强相关网络表示了强相关顶点之间取值的关联关系，条件概率表示在某一事件发生的条件下，另一事件发生的概率，因此可以用条件概率来量化强相关顶点之间的关联关系。强相关顶点之间的条件概率定义如下：

$$P_n(i,j) = \Pr(F_j^{m+n-1} = B | F_i^m = A)$$

$$= \frac{\Pr(F_i^m = A, F_j^{m+n-1} = B)}{Pr(F_i^m = A)} \tag{6.41}$$

其中，$n \in \{1,2\}$，$0 \leqslant m \leqslant k-n$，$k$ 是语音片段包含的语音帧数。$P_n(i,j)$ 表示强相关网络中强相关节点之间的条件概率，F_i^m 表示强相关网络中的顶点，它对应语音片段中的第 m 帧的第 i 号子帧，A 和 B 是顶点的取值范围。

在 G.723.1 的强相关网络中，$P_1(1,3)$ 和 $P_2(1,1)$ 中 A 与 B 的取值范围均为 0~3；在 G.729 的强相关网络中，$P_1(1,2)$ 中 A 的取值范围为 0~255、B 的取值范围为 0~31，$P_2(2,2)$ 中 A 与 B 的取值范围为 0~31。

3) 针对 G.723.1 编码的分析特征计算

在 G.723.1 强相关网络中，偶数子帧的基音延迟参数都是用 2 比特编码，根据式 (6.41) 对 G.723.1 强相关网络进行量化，可知强相关性顶点的条件概率都是 16 维的数据，将其融合成一组 32 维的数据，可以得到语音片段的特征向量如下：

$$t_{\text{G.723.1}} = (P_0, P_1, \cdots, P_{31})$$

$$P_{0\ldots15} = P_1(1,3), P_{16\ldots31} = P_2(1,1) \tag{6.42}$$

4) 针对 G.729 编码的分析特征计算

在 G.729 强相关网络中，第 1 号子帧的基音延迟参数用 8 比特编码，第 2 号子帧用 5 比特编码。根据式 (6.41) 对 G.729 强相关网络进行量化，可知强相关性顶点的条件概率 $P_1(1,2)$ 是 8192 维的数据，而强相关性顶点的条件概率 $P_2(2,2)$ 是 1024 维的数据，将其融合成一组 9216 维的数据，可以得到语音片段的特征向量如下：

$$t_{\text{G.729}} = (P_0, P_1, \cdots, P_{9215})$$

$$P_{0\ldots8191} = P_1(1,2), \quad P_{8192\ldots9215} = P_2(2,2) \tag{6.43}$$

由于特征维度很高，为了避免出现"过拟合"现象，需要对其进行降维处理。我们可以利用主成分分析 (principal component analysis，PCA) 对提取到的高维特征进行降维。PCA 的目的是寻找在最小均方意义下最能够代表原始数据的投影方法，实际上就是求得这个投影矩阵，用高维的特征乘以这个投影矩阵，便可以将高维特征的维数下降到指定的维数。实验发现将高维特征降至 100 维时可以获得对隐写检测较为敏感的特征向量[92]。具体降维过程如下，对于上述得到的特征向量，假设语音样本数为 N，那么它可以建立一个 $N \times 9216$ 的样本矩阵 V，即

$$V = \begin{bmatrix} p_{1,1} & p_{1,2} & \cdots & p_{1,9216} \\ p_{2,1} & p_{2,2} & \cdots & p_{2,9216} \\ \vdots & \vdots & & \vdots \\ p_{N,1} & p_{N,2} & \cdots & p_{N,9216} \end{bmatrix} \tag{6.44}$$

其中，$p_{i,j}$ 表示第 i 个样本的第 j 维特征。第 j 维特征的均值 $\bar{p}_j$ 的计算式为

$$\bar{p}_j = \frac{1}{N} \sum_{k=1}^{N} p_{k,j} \quad (1 \leqslant j \leqslant 9216) \tag{6.45}$$

定义第 m 维特征与第 n 维特征的协方差如下：

$$\mathrm{cov}(p_m, p_n) = \frac{1}{N-1} \sum_{k=1}^{N} (p_{k,m} - \bar{p}_m)(p_{k,n} - \bar{p}_n) \quad (1 \leqslant m, n \leqslant 9216) \tag{6.46}$$

根据式 (6.45) 和式 (6.46) 可以计算 V 的协方差矩阵 C_V 为

$$C_V = \begin{bmatrix} \mathrm{cov}(p_1, p_1) & \mathrm{cov}(p_1, p_2) & \cdots & \mathrm{cov}(p_1, p_{9216}) \\ \mathrm{cov}(p_2, p_1) & \mathrm{cov}(p_2, p_2) & \cdots & \mathrm{cov}(p_2, p_{9216}) \\ \vdots & \vdots & & \vdots \\ \mathrm{cov}(p_{9216}, p_1) & \mathrm{cov}(p_{9216}, p_2) & \cdots & \mathrm{cov}(p_{9216}, p_{9216}) \end{bmatrix} \tag{6.47}$$

这样我们就得到了一个 9126×9126 的协方差矩阵，然后求出这个协方差矩阵的特征值和特征向量，便可以得到 9126 个特征值和特征向量。根据特征值的大小，我们取前 100 个特征值所对应的特征向量，构成一个 9126×100 的特征矩阵。最后，将 $N \times 9126$ 的样本矩阵乘以这个 9126×100 的特征矩阵，就得到了一个 $N \times 100$ 维的降维之后的样本矩阵，即用于隐写检测的特征向量。

6.7.2 C-MSDPD 特征

为了更好地理解隐写分析特征设计的机理，首先我们通过实验来比较隐写语音和正常语音在一些统计量上的显著差异。文献 [91] 使用 500 对 AMR 语音样本，包括自然语音 (未隐写) 和 ACB 域隐写语音，分别计算了样本基音延迟序列的三种统计量均值 (每 30 ms 作为一个语音片段)：标准差 $\bar{S}$、一阶差分绝对值的均值 $\overline{\mathrm{AFD}}$、二阶差分绝对值的均值 $\overline{\mathrm{ASD}}$(表 6.2)。从表 6.2 中可以发现，自然语音的三个统计量接近于 0，并且隐写语音的三个统计量均明显高于自然语音。这表明自然语音比隐写语音在 $30 \sim 50$ ms 的基音延迟序列更具有稳定性。

表 6.2   基音延迟序列的统计量比较

	$\bar{S}$	$\overline{\text{AFD}}$	$\overline{\text{ASD}}$
自然语音	0.3375	0.1901	0.2950
隐写语音	1.6063	1.5972	1.9845

受上面实验分析的启发，我们可以针对基音延迟设计相应的统计分析特征来区分正常语音和 ACB 域隐写语音。设 $P = (p_0, p_2, \cdots, p_t, \cdots, p_{N-1})$ 表示语音样本的基音延迟序列，其中 N 是基音延迟的总个数，t 是时间序号。那么可以计算基音延迟序列的一阶差分 $D_p(t)$ 和二阶差分 $D_p^2(t)$，即

$$D_p(t) = p_{t+1} - p_t \tag{6.48}$$

$$D_p^2(t) = p_{t+2} - 2p_{t+1} + p_t \tag{6.49}$$

同样通过对照实验发现，隐写前后样本 $D_p^2(t)$ 比 $D_p(t)$ 的特征差异更显著。自然语音样本的 $D_p^2(t)$ 分布比较稳定，并且数值大部分逼近 0；而隐写语音样本的 $D_p^2(t)$ 分布抖动很大。因此，可以利用基音延迟的二阶差分矩阵 (matrix of the second-order difference of pitch delay，MSDPD) 的马尔可夫转移概率矩阵来设计检测特征，计算公式如下：

$$M_{D_P^2}(i,j) = \frac{\sum_{t=0}^{N-4} \delta(D_p^2(t) = i, D_p^2(t+1) = j)}{\sum_{t=0}^{N-4} \delta(D_p^2(t) = i)} \tag{6.50}$$

式中，$M_{D_P^2}$ 表示当 $D_p^2(t) = i$ 时 $D_p^2(t+1) = j$ 的转移概率。D_p^2 的阈值决定了 $M_{D_P^2}$ 的维度和性能。文献 [91] 的实验结果表明当 D_p^2 选取在 $[-6,6]$ 范围时，MSDPD 特征的检测正确率与算法的计算复杂度达到最佳平衡。此时，特征的维度等于 $(2 \times 6 + 1)^2 = 169$ 维。

为了进一步降低语音内容对样本基音延迟分布的影响，提高 MSDPD 特征的稳定性，可以采用校准 (calibration) 方法来估计和利用原始载体的特征。由于隐写分析是一种盲分析检测方法，即检测者不能获得隐写样本的原始载体，因此校准方法很早就被引入到隐写分析并证明是有效的[98]。隐写分析中的校准是指通过检测样本 (包括正常样本和隐写样本) 估计原始样本的特征。

文献 [91] 的实验结果发现，经过 AMR 重压缩 (recompression) 校准①处理后，隐写样本的 MSDPD 特征逼近对应的自然样本的 MSDPD 特征。这表明检测

---

① 重压缩过程所采用的编码参数与第一次压缩的编码参数保持一致。

样本经过 AMR 重压缩校准后可以获得原始样本的 MSDPD 特征。因此，将重压缩校准前后的 MSDPD 特征做差可得到校准的 MSDPD 特征 (C-MSDPD 特征)。C-MSDPD 特征的维度与 MSDPD 特征相同都是 169 维，但是 C-MSDPD 特征的检测效果更显著。

6.8 本 章 小 结

本章介绍了 ACB 域的隐写方法及其隐写分析方法。ACB 域隐写方法的嵌入机制是利用基音周期估计的不准确性，并通过修改闭环基音搜索的范围实现信息隐藏。为了更清晰地描述 ACB 域的隐写原理，首先分别介绍了 AMR、G.723.1 和 G.729 编码的基音延迟搜索算法。它主要包括开环基音估计和闭环基音搜索两个过程，ACB 域隐写是在闭环搜索时实现消息嵌入的。然后，分别介绍了四种代表性的隐写算法：Huang-ACBstego 算法的原理是修改整数基音延迟的搜索范围实现信息嵌入；Liu-ACBstego 算法的原理是修改分数基音延迟的搜索范围实现信息嵌入；PDU-AAS 算法利用清音信号中基音延迟的"抖动现象"，选择在语音的清音信号中自适应嵌入信息，提高算法的抗分析检测能力；PDAS 算法是一种基于最小化失真框架的自适应隐写方法，它通过量化基音延迟的短时稳定性和帧内相关性来设计失真代价函数，并利用 STC 编码实现最优嵌入。最后，介绍了两种 ACB 域的隐写分析特征，即 CCN 特征和 C-MSDPD 特征。详细描述了分析特征的设计机理，以及特征降维和优化方法。

思 考 题

(1) 简要阐述在 ACB 域进行隐写的基本原理？通过分析现有的 ACB 域隐写算法，描述嵌入和提取的一般流程及基本规则。

(2) 综合分析比较 Huang-ACBstego 算法、Liu-ACBstego 算法和 PDU-AAS 算法的时间复杂度和嵌入效率，以及三个算法的优势和不足？

(3) 描述 PDAS 算法的嵌入过程与提取过程，并从多种层面分析该算法与上述三种隐写算法的区别。

(4) 任选两种 ACB 域隐写算法进行实现，并比较 MSDPD 特征和 C-MSDPD 特征在分析效果上的特点。

第 7 章　线性预测系数域隐写及其分析

线性预测编码 (linear predictive coding，LPC) 是低速率语音编码的核心组成部分之一，如 G.723.1、G.729 和 AMR 等编码。本章将首先介绍基于量化索引调制算法的隐写原理，然后以 CNV-QIM 算法 [99] 和 NID-QIM 算法 [100] 为例，讲述 LPC 域隐写算法的基本原理，最后介绍针对 LPC 域的相关隐写分析方法。

7.1　基本思想与隐写算法的发展

在语音编码过程中，固定码本是描述激励脉冲的位置，自适应码本是描述长时预测的基音延迟，而 LPC 编码是描述语音的短时谱包络。对 LPC 系数的高效量化是语音编码中的一个关键问题，由于 LPC 系数的动态范围比较大，出于合成滤波器稳定性和量化效率的考虑，LPC 系数通常被转换为线谱频率参数 (line spectral frequency，LSF) 后再量化，LSF 参数比 LPC 系数具有更好的量化和插值特性。LSF 参数量化通常采用矢量量化 (vector quantization，VQ) 方法，因此可以利用量化索引调制算法 (quantization index modulation，QIM) 来实现信息隐写。

基于 QIM 算法的 LPC 域隐写的基本问题可以归结为矢量量化码本的划分问题，在利用不同的码字集合编码嵌入消息时，使得新引入的量化失真最小。Xiao 等 [99] 提出基于互补邻居顶点 (complementary neighbor vertex，CNV) 的 QIM 隐写算法 (CNV-QIM 算法)。它基于图论将码本划分成两个互不重叠码字组，以分别编码比特 "0" 和 "1"，并且确保每个码字与其最近邻码字被划分到不同的分组。为了增强算法的安全性，Tian 等 [101] 在 CNV-QIM 算法的基础上提出了基于秘钥的码本划分策略，它遵循柯克霍夫原则。同时，还采用了随机位置选择以实现动态地调整嵌入率，并使用矩阵编码进一步提高嵌入效率。Yang 等 [102] 提出了一种动态码本构建方法，解决了静态码本分区方法无法对抗码字统计分析检测的问题。实验表明算法在 13.3 kbps 载体码率下能获得 450 bps 的隐藏容量。Liu 等 [100] 提出了基于邻居索引划分 (neighbor index division，NID) 的码本分区方法，与 CNV 算法不同，NID 算法利用合适的隐写编码策略将码书划分成 $k(k \geqslant 3)$ 个子码本。并针对 G.723.1 编码实现了基于 NID 划分的 QIM 隐写算法 (NID-QIM 算法)，算法在嵌入时使用了多元嵌入策略以提高隐写算法的嵌入容量。Liu 等 [103,104] 采用矩阵编码改进了算法的嵌入效率，使得修改一个量化索引值可以嵌入 3 比特信息，并采用遗传算法划分码本以降低隐写失真。针对 SILK 编码，Ren 等 [105] 引入 LSF 码本的统计分布特征作为约束条件，以提高隐写算法的抗统计分析能力。实验结果表明算法的平均嵌入容量能够达到 129 ∼ 223 bps。针对 AMR-WB 编码，He 等 [106] 提出了一种基于直径邻居的码书划分方法，它的嵌入容量能达到 CNV 算法的 2 倍。

7.2 基于 QIM 算法的隐写原理

以 G.723.1 编码为例，首先介绍 LPC 系数的矢量量化过程。LPC 系数转换为线谱对系数 (line spectrum pair，LSP)，即 LSF 参数，它是 LPC 系数的等价参数。LSP 系数被量化为三个矢量或码矢 (codevector，CV)，它们的维度分别是 3 维、3 维和 4 维。这三个矢量由 3 个索引值来编码，并形成最终的编码语音流。表 7.1 给出了 G.723.1 标准的量化码书 (codebook，CB) 和码字 (codeword，CW) 等信息。三个矢量使用对应的码本进行独立编码，但是量化过程中使用相同的 LSP 量化器。

表 7.1　G.723.1 矢量量化码书的参数信息

CB	CW 索引长度	编码空间	CW 维度
Cb^0	8 比特	256	3
Cb^1	8 比特	256	3
Cb^2	8 比特	256	4

在量化过程中，LSP 量化器通过搜索对应的码书获得最佳码字，并将码字量化索引序列 (quantization index sequence，QIS) 作为量化结果。选择最佳码字的判定依据是使得两个矢量在 n 维空间的欧几里得距离最小。例如，G.723.1 的三个码书的 n 分别为 3、3 和 4。式 (7.1) 给出了两个 n 维矢量 v_x 和 v_y 的欧几里得距离 E_d 的计算式，具体为

$$E_\mathrm{d}(v_x,v_y)=\sqrt{\sum_{i=0}^{n-1}|v_{xi}-v_{yi}|^2} \tag{7.1}$$

其中，v_{xi} 和 v_{yi} 分别是 v_x 和 v_y 的第 i 维分量。那么，量化过程可以表示为

$$v_\mathrm{o}^j=v_i,\quad i=\operatorname*{arg\,min}_{i\in[0,255]}E_\mathrm{d}(c_j,v_i) \tag{7.2}$$

其中，v_o^j 是 LSP 系数 c_j 的量化矢量，即在对应的码书中搜索欧几里得距离最近的码字作为量化编码码字。

QIM 算法是 2001 年由 Chen 等 [107] 提出的，它是一种变换域的信息隐藏技术，并最早应用于数字图像水印领域。QIM 算法的核心思想是在量化阶段引入冗余，并利用冗余来嵌入信息。在 G.723.1 编码的 LSP 系数量化过程中也能够实现 QIM 隐写，具体过程如下。

使用码书划分算法将码书 $Cb^l(l = 0, 1, 2)$ 分成 k 个部分，记作 $Cb_i^l(i = 0, 1, \cdots, k-1)$，如果满足如下条件：

$$\begin{cases} Cb^l = \bigcup\limits_{i=0}^{k-1} Cb_i^l \\ Cb_i^l \bigcap Cb_j^l = \varnothing, \quad i \neq j \end{cases} \tag{7.3}$$

则称 $\left\{Cb_i^l\right\}_{i=0}^{k-1}$ 是 Cb^l 的一个子码书集或码书划分。隐写算法根据待嵌消息比特、隐写编码策略和嵌入函数，使用对应的子码书 Cb_i^l 进行矢量量化编码。因此，每次操作的最大嵌入量为 $\lfloor \log_2 k \rfloor$ 比特。

以 $k = 4$ 为例，图 7.1 显示了基于 G.723.1 码书的 QIM 隐写嵌入流程。Cb^l 被划分成 4 个子码书，因此每次可以嵌入 2 比特消息。根据嵌入消息比特 $(10)_2$ 选择子码书 Cb_2^l 来量化编码 LSP 系数。在消息提取时，根据量化索引所在的子码书编号可以恢复出隐藏消息。

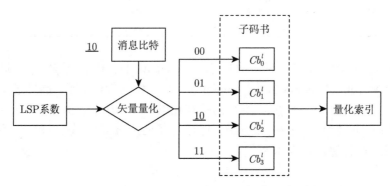

图 7.1　基于 G.723.1 码书的 QIM 隐写流程图

7.3　CNV-QIM 隐写算法

LPC 域隐写方法的核心问题是码本划分问题，CNV 算法是一种基于图论的码本划分方法，它将码本划分成两个部分，分别用于编码嵌入比特"0"和"1"。CNV 算法能够实现将两个最邻近的码字分配到不同的子码本，保证引入隐写嵌入失真最小。下面利用图论理论详细地描述 CNV 算法的原理。

7.3.1 问题的模型描述

类比图 (graph) 的结构，VQ 码本是所有码字的集合，也即多维码字空间。每个码字是一个顶点 (vertex)，码字之间的关系可以用对应顶点的边 (edge) 来表示，边的权重 (weight) 可以定义为两个码字的欧氏距离。假设码字空间的维度为 m 维，V 表示顶点的集合，$X = (x_1, x_2, \cdots, x_m)$ 和 $Y = (y_1, y_2, \cdots, y_m)$ 是 V 中的两个元素 (或顶点)。我们定义 $D(XY)$ 表示边 XY 的权重：

$$D(XY) = \sqrt{\sum_{i=1}^{m}(x_i - y_i)^2} \tag{7.4}$$

令 $\overrightarrow{XY}$ 表示顶点 X 到 Y 的有向边，E 表示边的集合。对于顶点 X，与 X 有边连接的其他顶点称为 X 的邻近顶点，其中距离最近的顶点称为 X 的邻居顶点，并记作 $N(X)$。从顶点 X 发出的有向边的条数称为 X 的出度，记作 $\text{Out}(X)$。所有顶点和边的集合构成一个图 $G(V, E)$。图的环 (loop) 是由顶点集合 $\{v_i\}_{i=1}^{k}$ 和边集合 $\{e_i\}_{i=1}^{k}$ 组成，其中 e_i 的顶点为 v_{i-1} 和 $v_i(v_0 = v_k)$，k 是环的长度。

7.3.2 图的构建

图 $G(V, E)$ 的构建过程主要包括两个步骤。

步骤 1：在初始化 G 是孤立顶点集 V 的基础上 (即 $E = \varnothing$)，第一步将有向边 $\overrightarrow{XN(X)}$ 添加到 E 中，使得

$$\forall X \in V \Longrightarrow \text{Out}(X) = 1 \tag{7.5}$$

步骤 2：将所有的有向边修改成无向边，并删除重复的边。

对于上述两个步骤构建的图 $G(V, E)$，我们可以得到如下结论：除了奇异情形外，G 中所有环的长度都等于 2。图 7.2 为一个奇异情形的例子。对奇异情形的说明：① 在实际应用中，由于计算两个顶点的欧式距离是浮点值，所以存在多个邻居顶点的情形可能性很小；② 对于图 7.2 情形，由于 $D(P_1P_2) = D(P_1P_k)$，所以优先选择边 $\overrightarrow{P_1P_2}$ 而不选择边 $\overrightarrow{P_1P_k}$ 也是可行的，这样就解决了长环问题。

经过上述两个步骤后图 G 将被划分为多个子图，图中的每个顶点只与其邻居顶点有边相连接，每个子图中也没有环。

7.3.3 码字标签

在完成图的构造后，需要为每个码字 (顶点) 分配 "0" 或 "1" 的标签，分配过程如下。

步骤 1：图的遍历。按照图中的顶点顺序和子图结构完成对图结构的遍历。

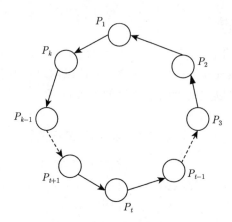

图 7.2　奇异情形的例子

　　步骤 2：标签分配。依据图论理论，由于图 G 是无环图，因此它是 2-可着色的。也即可以为每条边的两个顶点分配不同的标签。从任意子图的某个顶点出发，并将开始顶点随机分配标签 "0" 或 "1"；然后，进行图的广度优先搜索，并将这些邻居顶点分配相反的标签；直到完成所有顶点的标签分配。由于图中没有环，所以图的结构是一种树结构。

　　步骤 3：平衡顶点标签 "0" 和 "1" 的数量。子图中标签 "0" 和标签 "1" 的数量很可能不相等，记 n_i^0 和 n_i^1 分别表示子图 G_i 中顶点标签 "0" 和 "1" 的数量，定义子图 G_i 的偏移量 λ_i 为

$$\lambda_i = \left| n_i^0 - n_i^1 \right| \tag{7.6}$$

假设总共有 l 个子图，$u_i(u_i = \pm 1, i = 1, 2, \cdots, l)$ 表示子图 G_i 的翻转系数，那么我们要找到最佳的翻转系数集合 U，使得图的总偏移量最小，即

$$U = \underset{\{u_i\}}{\arg\min} \left| \sum_{i=1}^{l} u_i \lambda_i \right| \tag{7.7}$$

当 $u_i = -1$ 时，对应的子图 G_i 要做反转，即将标签 "0" 和 "1" 进行对调。

　　图 7.3 是一个 CNV 算法的例子，图被划分成 8 个子图，图中白色顶点表示码字标签 "0"，而黑色顶点表示码字标签 "1"，边表示邻居顶点关系。

7.3.4　失真的上界

　　设 $N(X)$ 是顶点 X 的邻居顶点，P 是待量化的输入值，并且它与 X 的距离最近，那么可以得到：

$$D(PN(X)) \leqslant D(PX) + D(XN(X)) \tag{7.8}$$

如果待嵌比特与 X 的标签相同，那么 P 被量化成 X，此时失真为 $D(PX)$；如果待嵌比特与 X 的标签不同，那么 P 被量化成 $N(X)$，根据三角不等式原理，此时额外引入的失真将不超过 $D(XN(X))$。

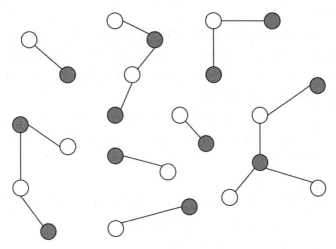

图 7.3 CNV 算法的例子

7.3.5 嵌入过程与提取过程

在完成基于 CNV 算法的码本划分后，原始码本按照码字标签划分成两个子码本，分别用于编码比特 "0" 和比特 "1"。CNV-QIM 算法的嵌入与提取过程比较简单，嵌入算法根据待嵌的比特消息，并使用相匹配的码字标签中的码字进行矢量量化编码，在量化时实现比特嵌入。例如，当前要嵌入消息比特 "1"，如果最邻近的量化矢量的码字标签也是 "1"，那么使用该码字进行量化编码；反之，如果最邻近的量化矢量的码字标签是 "0"，那么使用该码字的邻居码字进行量化编码。提取算法通过识别码字标签，可以判定当前码字嵌入的消息比特。

7.4　NID-QIM 隐写算法

在第 7.2 节我们介绍了 QIM 隐写的基本思想，本节在此基础上首先介绍另一种码本划分算法——邻居索引划分算法 (neighbor index division，NID 算法)。然后，介绍基于 NID 划分的多元嵌入方法。最后介绍 NID-QIM 隐写的嵌入与提取过程。

7.4.1　码本划分的一般模型

一个理想的码本划分算法就是要使得 e^u 最小化。e^u 的计算式为

$$e^u = \sum_{i=0}^{s} E_{\mathrm{d}}\left(C_i, V_{\mathrm{o}}^i\right) \tag{7.9}$$

其中，s 是语音帧总数，C_i 是 LSP 系数，V_{o}^i 是 C_i 的量化值，$E_{\mathrm{d}}(\cdot)$ 表示求两个矢量的欧式距离。

为了使得 e^u 最小，在量化过程时需要获得最优的 V_{o}^i，而这是由码本划分算法决定的。上述问题等价于如何找到一个码本划分算法，使得当码字空间从 256 变成 $256/k$ 时 (k 是子码本的数量) 引入的失真最小化，即最小化 e^u。因此，码本划分算法是 QIM 隐写的关键问题。

对于 G.723.1 编码码书，码本划分算法的一般化步骤如下。

步骤 1：设 $t = \lfloor 256/k \rfloor$，初始化码本 Cb^l 中的所有顶点 (即码字) 都是未标记的。F_c 是一个评估函数，用于评估 Cb^l 中 k 个顶点的关系，也即 k 个顶点可以被划分到 k 个不同的子码本。

步骤 2：遍历 Cb^l 中剩余的未标记的顶点集合 $V_{gi} = \{V_i, V_{i+1}, \cdots, V_{i+k-1}\}$，如果 V_{gi} 满足 F_c，那么将这 k 个顶点依次标记为 $0, 1, \cdots, k-1$，并令 $t = t-1$。

步骤 3：如果 $t \geqslant 0$ 则跳转执行步骤 2。

步骤 4：对于未标记的 k' 个顶点 (即 $k' = 256 \mod k$)，将它们都放到其他子码本 Cb^l_∞ 中。

7.4.2　NID 码本划分算法

在 CNV-QIM 算法中，使用最小欧式距离作为划分原则，这与 G.723.1 编码的量化方法是一致的。但是，CNV 码本划分算法还存在一些不足：① CNV 算法不适用于 $k \geqslant 3$ 的情形；② 它要与其他安全策略结合是比较复杂的，比如密钥控制和隐写编码等；③ 码本划分未考虑 LSP 系数 C_i 的真实统计属性，即最优顶点 V_{o}^j 的最邻近顶点不一定都是 C_i 的次优顶点。

表 7.2 显示了 G.723.1 编码的三个码本中邻居索引码字 (neighbor-index codeword，NC) 的关系，并将其与 CNV 算法的最邻近顶点 (nearest vertice，NV) 进行了比较。V_i^l 表示码本 $Cb^l(l = 0, 1, 2)$ 中索引为 $i(i \in [0, 255])$ 的码字 (或顶点)。当 $|i-j| = 1$ 且 $l = p$ 时，则 V_i^l 与 V_j^p 是邻居索引码字 (即 NC 码字)。从表 7.2 中可以发现，大约有 34% 的满足 NC = NV，并且相比于 CW 的平均距离，NC 和 NV 的平均距离很接近。因此，我们在码本划分时可以使用 NC 码字来替代 CNV 算法中的 NV 码字，它们引入的失真应该是接近的。

相比于 CNV 算法，NID 算法的实现更简单。假设要将每个码本划分成 k 个子码本，NID 算法的具体流程如下。

步骤 1：初始化 $t = 0(t \in [0, 255])$，所有顶点 $V_t^l \in Cb^l(l = 0, 1, 2)$ 都是未标记的。

表 7.2　邻居索引码字关系与最近顶点的比较

CB	$N_{NC=NV}$	$Pr_{NC=NV}$	NC 距离	NV 距离	CW 距离
Cb^0	90	0.3516	6.98	4.10	22.27
Cb^1	82	0.3203	9.32	5.55	28.55
Cb^2	91	0.3555	9.45	5.77	22.47
均值	61	0.3425	8.58	5.14	24.43

步骤 2：将 V_t^l 标记为 m_j，其中 $m_j = t \mod k$，并且令 $t = t+1$。如果 $t < 256$ 则循环执行步骤 2。

步骤 3：对于所有的标签 $m_j = 0, 1, \cdots, k-1$，将标签为 m_j 的顶点放到子码本 Cb_j^l 中。

经过上述操作后，我们得到了 k 个子码本，每个子码本至少包含 $\lfloor 256/k \rfloor$ 个码字。如果需要通过密钥 K_s 来控制上述码本划分过程，那么只需要对上述过程做较小的修改就可以实现，具体操作步骤如下。

步骤 1：同样地，初始化 $t = 0 (t \in [0, 255])$，所有顶点 $V_t^l \in Cb^l (l = 0, 1, 2)$ 都是未标记的。

步骤 2：在 Cb^l 中选择 k 个相邻顶点 $\{V_t^l, V_{t+1}^l, \cdots, V_{t+k-1}^l\}$，然后根据 K_s 和映射规则将它们分别标记为 $\{0, 1, \cdots, k-1\}$，并且令 $t = t+k$。如果 $t+k < 256$ 则循环执行步骤 2。

步骤 3：对于所有的标签 $j = 0, 1, \cdots, k-1$，将标签为 j 的顶点放到子码本 Cb_j^l 中。

对于上述基于密钥的码本划分算法，三个码本的密钥空间大小为

$$L = \left(C_{\lfloor 256/k \rfloor}^k \right)^3 \tag{7.10}$$

其中，C_a^b 表示 a 和 b 的组合数。例如，当 $k = 2$ 时，$L \approx 4.88 \times 2^{40}$。

7.4.3　多元嵌入方法

利用 NID 码本划分算法将每个 G.723.1 编码码本划分成 k 个子码本，那么每个子码本就可以表示 k 元进制数字的一个状态 $s_i \in \{0, 1, \cdots, k-1\}$。因此，NID-QIM 隐写算法的嵌入容量为 $3 \log_2 k$ 比特/帧。

记 f_k 表示从 k 元数到子码本索引的映射函数，当嵌入 k 元消息 $N \in [0, k-1]$ 时，需要修改对应 LSP 系数 C_i 的量化过程并在子码本 $Cb_{f_k(N)}$ 中搜索它的最优量化码字。图 7.4 给出 k 元嵌入过程的流程图，每次矢量量化编码可以嵌入一个 k 元进制消息。

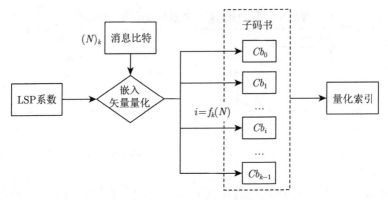

图 7.4　k 元嵌入与量化过程

7.4.4　嵌入与提取过程

NID-QIM 算法的嵌入过程如图 7.5 所示。它结合了多元嵌入方法,在图中与嵌入算法不相关的 G.723.1 编码过程放在预处理和后处理。为了极大限度地利用嵌入空间,算法将二进制消息比特转换成 k 进制数值后进行嵌入。

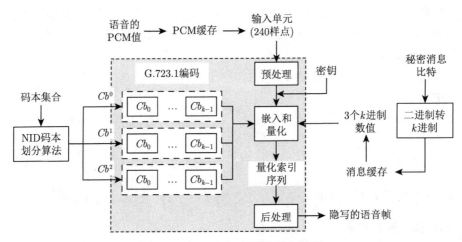

图 7.5　NID-QIM 算法的嵌入过程

消息提取过程相对比较简单,它在语音解码时完成,图 7.6 是 NID-QIM 算法的提取流程图。

在嵌入和提取过程中,每帧最多可以嵌入 3 个 k 进制数值,但是由于消息是按照字节进行处理的,因此为了表示一个字节的二进制数值,我们至少需要 $\lceil \log_k 255 \rceil$ 个 k 进制数值,也即嵌入一个字节消息需要使用 $\lceil \lceil \log_k 255 \rceil / 3 \rceil$ 帧音频载体。

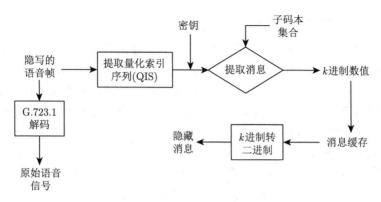

图 7.6 NID-QIM 算法的提取过程

7.5 相关的隐写分析方法

前面我们介绍了 LPC 域的 QIM 隐写思想，以及一些代表性的隐写算法，本节将介绍对应的隐写分析方法。Li 等 [108,109] 分析发现 QIM 隐写对 G.729A 或 G.723.1 码流会造成显著性的特征变化，使 LPC 滤波器的量化索引发生转移，并导致码字分布的不均衡性及相关性特性发生改变。他们设计了统计模型实现对码字分布特性的量化特征抽取。Li 等 [110] 还发现 QIM 隐写将导致压缩语音流中的音素分布特性发生改变，并提出了音素向量空间模型和音素状态转移模型对音素分布特性进行了量化表示。Li 等 [111,112] 还提出了量化码字相关网络 (quantization codeword correlation network，QCCN 网络)，用于表征相邻语音帧间矢量量化码字的相关性特征。Yang 等针对联合码字的 QIM 隐写提出了基于码字贝叶斯网络 (codeword Bayesian network，CBN) 的分析检测方法 [113]，它描述了 LPC 码字的概率分布特征，并利用狄利克雷 (Dirichlet) 分布作为先验分布来训练网络参数。Tu 等 [114] 提出了一种基于半监督学习的隐写检测模型，解决测试集与训练集数据分布失配问题。在基于深度学习的隐写分析方法上，Lin 等 [115] 提出了基于循环神经网络 (recurrent neural network，RNN) 的隐写分析模型 (RNN-based steganalysis model，RNN-SM 模型)，是一种用于检测 QIM 隐写的在线隐写分析方法。RNN-SM 模型的输入是四种强码字相关模式，对 0.1 s 检测粒度的正确率能够达到 90% 以上。为解决短时长、低负载率的 QIM 隐写检测问题，Yang 等 [116] 设计了一种 CNN-LSTM 网络模型，它采用双向 LSTM(bidirectional long short-term memory，Bi-LSTM) 捕获长时的上下文信息，随后采用 CNN 捕获时域的局部特征和全局特征。他们还设计了一种轻量级的神经网络模型，称为 FCEM 模型 (fast correlation extract model)，它采用了多头注意力机制抽取 VoIP 语音帧的相关性特征。

7.5.1　QCCN 隐写分析算法

考虑到 QIM 隐写将改变 LPC 编码滤波器系数的分裂矢量量化码字的相关性特征，量化码字相关性网络分析方法 (quantization codeword correlation network, QCCN) 通过构建一般化的码字相关性网络模型，并设计码字相关性特征作为隐写分析特征来量化表征帧内帧间的码字相关性。下面分别从四个方面介绍 QCCN 隐写分析算法的原理与流程。

1) QCCN 网络构建

以 G.729 和 G.723.1 语音编码标准为例，每个量化码字集 C 包含 3 个子码字，即 $C = (c_1, c_2, c_3)$。因此，QCCN 网络模型包括两部分：一个是帧间相关性网络用于描述帧间码字的相关性，另一个是帧内相关性网络用于描述帧内码字间的相关性。QCCN 网络可以用有向图 $G = \langle V, E \rangle$ 来表示，图中的顶点表示子码字 c_i $(i = 1, 2, 3)$，图中的边表示两个连接顶点的相关性，即

$$\begin{cases} V = \{v_i[m] | m \in \{0, 1, 2, 3, \cdots\}, i \in \{1, 2, 3\}\} \\ E = \{\langle v_i[p], v_j[q] \rangle | v_i[p], v_j[q] \in V\} \end{cases} \tag{7.11}$$

式中，V 是顶点集合，$v_i[m]$ 表示第 m 帧中的第 i 个码字，E 是有向边集合，$\langle v_i[p], v_j[q] \rangle$ 表示从 $v_i[p]$ 到 $v_j[q]$ 的有向边。特别地，当是帧间模式时，则 $q = p + 1$，即有向边仅存在于相邻帧；当是帧内模式时，则 $p = q$。由于每帧有 3 个码字 (顶点)，所以每帧包含 9 条帧间边和 3 条帧内边。如图 7.7 和图 7.8 所示，为了描述方便，使用字母 $a - i$ 顺序标识 9 条帧间边，使用字母 m、n 和 p 标识 3 条帧内边。

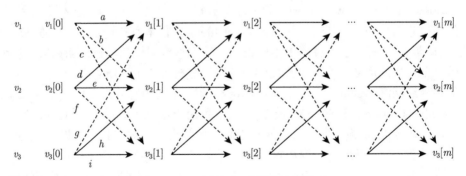

图 7.7　一个帧间相关性网络的例子

2) QCCN 网络剪枝

上述构建的 QCCN 网络太复杂，直接进行特征计算的代价很高，我们将采用网络剪枝方法只保留强相关性顶点的边，并最终将两个相关性网络合并成一个相

关性网络。相邻码字间的相关性可以使用马尔可夫模型来描述，定义两个顶点的相关性指数为

$$R_n(i,j) = \frac{\sum\limits_{p=0}^{N-1}\sum\limits_{m=0}^{k+n-3} F_{n,p_m}(i,j)}{N} \tag{7.12}$$

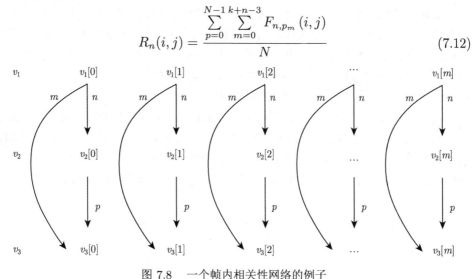

图 7.8 一个帧内相关性网络的例子

其中

$$F_{n,p_m}(i,j)$$
$$= \begin{cases} 1, & u_i[p_m] = u_j[p_{m-n+2}] \\ 0, & u_i[p_m] \neq u_j[p_{m-n+2}] \end{cases}, \ m \in \{0,1,2,\cdots\}, n \in \{1,2\}, i,j \in \{1,2,3\} \tag{7.13}$$

$R_n(i,j)$ 表示由第 m 帧码字 v_i 和第 $m-n+2$ 帧码字 v_j 组成的码字对的平均值，N 是语音样本总数，p_m 表示第 p 个语音样本的第 m 帧，$u_i[p_m]$ 表示 p_m 的第 i 个码字的值。如果两个相邻子码字的值相等，那么这个码字对被计数。因此，$R_1(i,j)$ 和 $R_2(i,j)$ 分别表示帧间相关性指数和帧内相关性指数，QCCN 网络中的边可以进一步表示为

$$\begin{cases} R_a = R_1(1,1), R_b = R_1(1,2), R_c = R_1(1,3) \\ R_d = R_1(2,1), R_e = R_1(2,2), R_f = R_1(2,3) \\ R_g = R_1(3,1), R_h = R_1(3,2), R_i = R_1(3,3) \\ R_m = R_2(1,3), R_n = R_2(1,2), R_p = R_2(2,3) \end{cases} \tag{7.14}$$

相关性指数反映了两个顶点的相关性强弱，因此可以利用相关性指数来对原始 QCCN 网络进行剪枝。文献 [108] 分析了 2000 个语音样本，发现不同边的相关

性指数有很大差异。例如，G.723.1 的 QCCN 网络中帧间和帧内相关性最强的边为 a 和 m，而 G.729 的 QCCN 网络中帧间和帧内相关性最强的边为 a 和 p。为了降低分析 QCCN 模型的复杂度，我们只保留网络中帧间帧内相关性指数最大的一些边，并将帧间和帧内相关性网络合并成一个网络，即强 QCCN 网络。网络合并过程如下：记剪枝后的帧间和帧内相关性网络分别为 $G^{\text{inter}} = <V^{\text{inter}}, E^{\text{inter}}>$ 和 $G^{\text{intra}} = <V^{\text{intra}}, E^{\text{intra}}>$，那么强 QCCN 网络 $G^{\text{strong}} = <V^{\text{strong}}, E^{\text{strong}}>$ 中 $V^{\text{strong}} = V^{\text{inter}} \bigcup V^{\text{intra}}$、$E^{\text{strong}} = E^{\text{inter}} \bigcup E^{\text{intra}}$。

具体地，定义两种强 QCCN 网络，即最简强 QCCN 网络 (simplest strong QCCN，SS-QCCN) 和常规强 QCCN 网络 (regular strong QCCN，RS-QCCN)。图 7.9 和图 7.10 分别给出了 G.723.1 和 G.729 的 SS-QCCN 网络和 RS-QCCN 网络，在图中为了表示区分，分别使用 $VQ_i[m]$ 和 $C_i[m]$ 表示 $v_i[m]$。

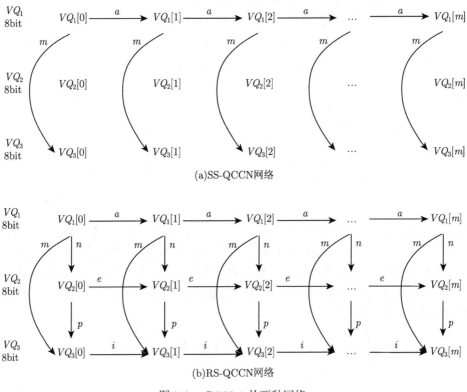

图 7.9 G.723.1 的两种网络

3) 隐写分析特征设计

为了定量地分析剪枝后 QCCN 网络中顶点的相关性特征，我们定义 $v_i[m]$ 到 $v_j[m-n+2]$ 的顶点转移概率 (vertex transition probability，VTP) 为

$$P_n(i,j) = \mathrm{Pr}_n\left(v_j[m - n + 2] = q | v_i[m] = p\right)$$

$$= \frac{\mathrm{Pr}_n\left(v_i[m] = p, v_j[m - n + 2] = q\right)}{\mathrm{Pr}\left(v_i[m] = p\right)} \tag{7.15}$$

其中，$i, j \in \{1, 2, 3\}$，$n \in \{1, 2\}$ 和 $p, q, m \in \{0, 1, 2, \cdots\}$。特别地，$P_1(i, j)$ 和 $P_2(i, j)$ 分别表示帧间和帧内的 VTP 值。由于 VQ_i 使用 8 比特量化，即 VQ_i 值的范围是 $0 \sim 255$，所以 $P_1(i, i)(i = 1, 2, 3)$ 和 $P_2(i, j)(i \neq j)$ 的向量维度等于 256^2 维。另外，C_1 使用 7 比特量化、C_2 和 C_3 使用 5 比特量化，所以 $P_1(1, 1)$ 的向量维度等于 128^2 维，$P_1(2, 2)$、$P_1(3, 3)$ 和 $P_2(2, 3)$ 的向量维度等于 32^2 维，$P_2(1, 2)$ 和 $P_2(1, 3)$ 的向量维度等于 128×32 维。类似地，可以使用 PCA 方法对特征向量做降维处理。

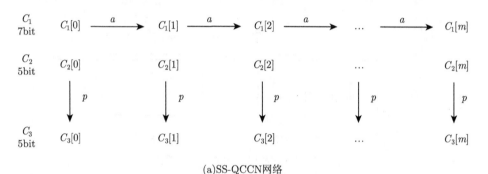

(a)SS-QCCN网络

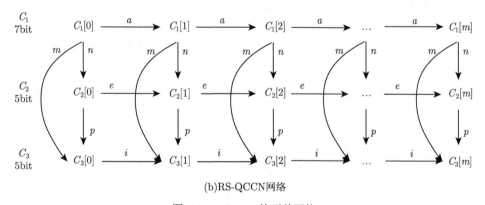

(b)RS-QCCN网络

图 7.10　G.729 的两种网络

7.5.2　RNN-SM 隐写分析算法

针对 VoIP 语音流的 QIM 隐写，为了解决实时流的隐写分析问题，文献 [115] 分析发现嵌入操作将破坏 VoIP 流的四种强码字相关性模式，并提出利用基于

RNN 网络的码字相关性模型（RNN-based steganalysis model，RNN-SM 模型）来提取相关性特征。

1) 码字相关性分析

当前的特征选择策略有不足之处，它们只考虑了帧内码字和相邻帧码字，但是语音信号在一段较长的时间间隔内具有很高的相关性。图 7.11 是四种典型的码字相关性的示意图，包括相邻帧间相关性、帧内相关性、跨帧相关性和跨词相关性。

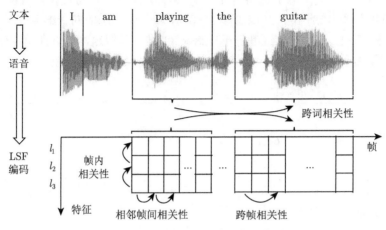

图 7.11　四种码字相关性的示意图

(1) 相邻帧间相关性。编码中每个码字表征一个很短的时间帧，比如 G.729 编码是 10 ms、G.723.1 编码是 30 ms，它表示的长度大约对应于字词的一个音素 (phoneme)。由于每个字词中相邻音素是相关的，因此对应编码流中的码字也是相关的。

(2) 帧内相关性。每帧包含 3 个码字 l_1、l_2 和 l_3，l_1 和 l_2 构成了前 5 个 LSF 系数，而 l_1 和 l_3 构成了后 5 个 LSF 系数，所以 l_1、l_2 和 l_3 也是相关的。

(3) 跨帧相关性。每个字词都包含多个音素，不同字词的音素转换模式也不同。因此，当前音素不能完全由其前继音素决定，而应该考虑所在字词的所有先前音素。

(4) 跨词相关性。从句法层面看，语音编码的码字流是由句子组成的，并且每个句子中的字词是高度相关联的，因此它们所对应的码字也具有相关性。也就是说，一个码字不仅与所在字词的其他码字有关，而且与上下文其他字词中的码字相关。

上述的前两种码字相关性模式属于局部特征，而后两种模式属于全局特征。

2) 码字相关性模型

记编码语音流样本的码字矩阵 X 为

$$X = \begin{bmatrix} x_{1,1} & x_{1,2} & \cdots & x_{1,T} \\ x_{2,1} & x_{2,2} & \cdots & x_{2,T} \\ x_{3,1} & x_{3,2} & \cdots & x_{3,T} \end{bmatrix} \tag{7.16}$$

其中，$x_{1,i}$、$x_{2,i}$ 和 $x_{3,i}$ 分别表示第 i 帧的 3 个码字，T 是语音总帧数。对于 G.729 编码器，$x_{1,i}$、$x_{2,i}$ 和 $x_{3,i}$ 的编码比特数分别为 7 比特、5 比特和 5 比特，而对于 G.723.1 编码器，$x_{1,i}$、$x_{2,i}$ 和 $x_{3,i}$ 的编码比特数均为 8 比特。

鉴于 LSTM 模型能够很好地处理时序相关性问题，我们采用 LSTM 模型来构建码字相关性模型 (codeword correlation model，CCM 模型)。假设 f 表示 LSTM 单元的转换函数，如果输入序列 $Q = [q_1, q_2, \cdots, q_t]$，那么输出序列 $R = [r_1, r_2, \cdots, r_t]$ 满足：

$$r_i = f(Q_{1:i}) \tag{7.17}$$

其中，$Q_{1:i}$ 表示取序列 (向量) 的第 1 到 i 个分量组成的子序列。

图 7.12 左边是 CCM 模型的示意图，它包括两层 LSTM 网络。第一层有 n_1 个 LSTM 单元，记作 $U_1 = \{u_{1,1}, u_{1,2}, \cdots, u_{1,n_1}\}$；第二层有 n_2 个 LSTM 单元，记作 $U_2 = \{u_{2,1}, u_{2,2}, \cdots, u_{2,n_2}\}$。

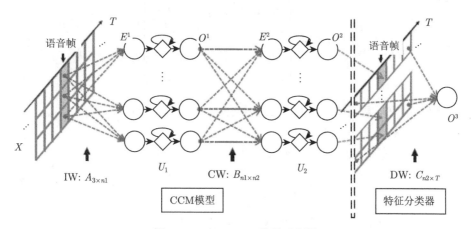

图 7.12 RNN-SM 模型示意图

定义输入码字与 U_1 层的输入权重 (input weights，IW)$A_{3 \times n_1}$ 为

$$A = \begin{bmatrix} a_{1,1} & a_{1,2} & \cdots & a_{1,n_1} \\ a_{2,1} & a_{2,2} & \cdots & a_{2,n_1} \\ a_{3,1} & a_{3,2} & \cdots & a_{3,n_1} \end{bmatrix} \tag{7.18}$$

对于每个 LSTM 单元 $u_{1,i}$, 在 t 时刻有 3 个码字及对应的权值与其相关联, 最终 $u_{1,i}$ 的输入值 $e_{i,t}^1$ 等于 3 个码字的加权求和, 即

$$e_{i,t}^1 = a_{1,i}x_{1,t} + a_{2,i}x_{2,t} + a_{3,i}x_{3,t} \tag{7.19}$$

为了描述方便, 记

$$E^1 = \begin{bmatrix} e_{1,1}^1 & e_{1,2}^1 & \cdots & e_{1,T}^1 \\ e_{2,1}^1 & e_{2,2}^1 & \cdots & e_{2,T}^1 \\ \vdots & \vdots & & \vdots \\ e_{n_1,1}^1 & e_{n_1,2}^1 & \cdots & e_{n_1,T}^1 \end{bmatrix} \tag{7.20}$$

那么在 t 时刻 $u_{1,i}$ 的输出值 $o_{i,t}^1$ 为

$$\begin{aligned} o_{i,t}^1 &= f(E_{i,1:t}^1) \\ &= f(a_{i,1}X_{1,1:t} + a_{i,2}X_{2,1:t} + a_{i,3}X_{3,1:t}) \end{aligned} \tag{7.21}$$

U_1 层的输出矩阵为

$$O^1 = \begin{bmatrix} o_{1,1}^1 & o_{1,2}^1 & \cdots & o_{1,T}^1 \\ o_{2,1}^1 & o_{2,2}^1 & \cdots & o_{2,T}^1 \\ \vdots & \vdots & & \vdots \\ o_{n_1,1}^1 & o_{n_1,2}^1 & \cdots & o_{n_1,T}^1 \end{bmatrix} \tag{7.22}$$

类似地, U_1 层与 U_2 层的连接权重 (connection weights, CW)$B_{n_1 \times n_2}$ 为

$$B = \begin{bmatrix} b_{1,1} & b_{1,2} & \cdots & b_{1,n_2} \\ b_{2,1} & b_{2,2} & \cdots & b_{2,n_2} \\ \vdots & \vdots & & \vdots \\ b_{n_1,1} & b_{n_1,2} & \cdots & b_{n_1,n_2} \end{bmatrix} \tag{7.23}$$

对于每个 LSTM 单元 $u_{2,i}$, 在 t 时刻有 n_1 个 U_1 层的输出值及其对应的权值与其相关联, 最终 $u_{2,i}$ 的输入值 $e_{i,t}^2$ 等于前一层 n_1 个输出值的加权求和, 即

$$e_{i,t}^2 = \sum_{j=1}^{n_1} o_{j,t}^1 b_{j,i} = B_{1:n_1,i}^{\mathrm{T}} O_{1:n_1,t}^1 \tag{7.24}$$

记

$$
E^2 = \begin{bmatrix}
e_{1,1}^2 & e_{1,2}^2 & \cdots & e_{1,T}^2 \\
e_{2,1}^2 & e_{2,2}^2 & \cdots & e_{2,T}^2 \\
\vdots & \vdots & & \vdots \\
e_{n_2,1}^2 & e_{n_2,2}^2 & \cdots & e_{n_2,T}^2
\end{bmatrix} \tag{7.25}
$$

那么在 t 时刻 $u_{2,i}$ 的输出值 $o_{i,t}^2$ 为

$$
\begin{aligned}
o_{i,t}^2 &= f(E_{i,1:t}^2) \\
&= f(B_{1:n_1,i}^{\mathrm{T}} O_{1:n_1,1:t}^1)
\end{aligned} \tag{7.26}
$$

U_2 层的输出矩阵为

$$
O^2 = \begin{bmatrix}
o_{1,1}^2 & o_{1,2}^2 & \cdots & o_{1,T}^2 \\
o_{2,1}^2 & o_{2,2}^2 & \cdots & o_{2,T}^2 \\
\vdots & \vdots & & \vdots \\
o_{n_2,1}^2 & o_{n_2,2}^2 & \cdots & o_{n_2,T}^2
\end{bmatrix} \tag{7.27}
$$

它包含了最终的相关性特征。

CCM 模型描述了全部四种码字相关性。首先,利用 IW 将 l_1、l_2 和 l_3 转换成一个值在整个神经网络中传播,不同的权值间接地决定了激活 LSTM 单元时 l_1、l_2 和 l_3 的组合方式,即帧内相关性。其次,由于 LSTM 有记忆性,每个输出值是从原来码字中推理得到的,因此第一层的 LSTM 单元能够直接记忆原始的码字,第二层的 LSTM 单元通过接收第一层的信息能够进一步记忆更复杂的特征,即 CCM 模型具有很强的时序建模能力。相邻帧间相关性、跨帧相关性和跨词相关性都属于不同时间跨度的相关性,很显然它们也能够被 CCM 模型建模。

3) 特征分类器模型

如图 7.12 右边所示,我们可以利用 O^2 的特征来区分正常语音和隐写语音,比如一种最简单的方式是计算所有特征的线性组合,也即

$$
y = \sum_{i=1}^{n_2} \sum_{j=1}^{T} O_{i,j}^2 C_{i,j} \tag{7.28}
$$

其中,$C_{n_2 \times T}$ 是检测权重 (detection weights,DW)。为了将计算结果归一化,可以再进行一次 sigmod 函数运算,即

$$O^3 = \mathrm{S}(y) = \frac{1}{1+e^{-y}}$$
$$= \mathrm{S}\left(\sum_{i=1}^{n_2}\sum_{j=1}^{T} O_{i,j}^2 C_{i,j}\right) \tag{7.29}$$

最后通过比较 O^3 与阈值 (例如，阈值设置为 0.5) 的大小来判定是正常语音或隐写语音，并且可以通过调节 T 值大小实现检测粒度与计算代价之间的权衡。

7.6　本 章 小 结

本章介绍了 LPC 域的隐写方法及其隐写分析方法。LPC 域隐写方法是一类 QIM 隐写算法，嵌入算法设计可以归结为矢量量化码本的划分问题。为了更清晰地描述 LPC 域隐写算法的原理，首先介绍了基于 QIM 算法的隐写原理，并给出了码本划分的一般化模型。然后，分别介绍了两种代表性的隐写算法：CNV-QIM 算法给出了一种基于图论的码本划分方法，能够实现将两个最邻近的码字分配到不同的子码本，保证引入隐写嵌入失真最小；NID-QIM 算法使用最小欧式距离作为划分原则，解决了多元嵌入和适配安全策略等问题，并优化了最优顶点选择方法。最后，介绍了两种 LPC 域的隐写分析方法，即 QCCN 分析方法和 RNN-SM 分析方法。QCCN 方法考虑到 QIM 隐写将改变 LPC 编码滤波器系数的分裂矢量量化码字的相关性特征，通过构建一般化的码字相关性网络模型，并设计码字相关性特征作为隐写分析特征来量化表征帧内帧间的码字相关性。RNN-SM 方法为了解决实时流的隐写分析问题，利用嵌入操作将破坏 VoIP 流的四种强码字相关性模式的缺陷，设计基于 RNN 网络的码字相关性模型来提取相关性特征。

思　考　题

(1) 掌握 QIM 隐写的原理，描述 LPC 域隐写算法的基本思想，以及嵌入过程和提取过程。

(2) 计算 CNV-QIM 算法的时间复杂度和嵌入效率，编程实现该算法的嵌入模块与提取模块。

(3) 综合比较 NID-QIM 算法与 CNV-QIM 算法的区别与联系，从原理上分析各算法的优缺点，对于算法的不足提出改进方法。

(4) 从原理上分析比较 QCCN 分析方法与 RNN-SM 分析方法在码字相关性量化表征的差异性。

第 8 章　其他域隐写及其分析

与前面章节介绍的隐写方法不同, 本章将介绍编码松耦合类隐写方法, 它的隐写过程与音频编码器无关, 隐藏方法的原理相对较简单、朴素, 一般是利用人耳对时域或频域的听觉掩蔽效应实现隐藏信息嵌入。下面将介绍一些代表性的与压缩编码松耦合的音频隐写及其分析方法, 例如, 时域低比特位隐写、回声隐藏法、相位编码法、扩频法, 以及常见的网络音频隐写软件等。

8.1　时域低比特位隐写

LSB 隐写是一种最经典的隐写算法或基本隐写嵌入操作, 被广泛地应用于图像隐写和音视频隐写。它的嵌入原理很简单, 通过修改数字媒体的最低有效位 (LSBR 或 LSBM) 来编码与携带隐藏信息。音频时域 LSB 隐写方法也是一种古老的隐写术, 早在 1996 年, Bender 等 [117] 就提出了针对音频载体的时域 LSB 编码法。与图像不同, 时域音频采样时一般量化位数较高 (如 16 比特), 因此除 LSB 位可用于嵌入外, 次 LSB 位或更高比特位平面也可被利用。近年来, 也出现了一些改进算法和新的应用方式。例如, 提高算法的隐藏容量 [118,119], 增强算法的安全性 [120-122] 等。

时域 LSB 类方法的隐写原理与图像类似, 通过选择嵌入位置修改时域 PCM 采样值实现信息嵌入, 具体嵌入流程在此不再赘述。值得一提的是, 2017 年 Luo 等 [123] 提出了首个适用于时域音频的自适应隐写算法, 它利用 AAC 编码器与 STC 码实现失真代价构造和自适应嵌入。

隐写算法的嵌入流程如图 8.1 所示, 具体步骤如下。

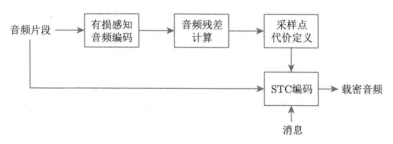

图 8.1　隐写算法的嵌入流程图

步骤 1：使用有损编码器 (如 AAC) 将时域音频片段 $x(i)$ 在高码率下进行编码，得到压缩的 AAC 文件。

步骤 2：对 AAC 音频文件进行解码，生成重构的时域音频片段 $\hat{x}(i)$，并计算音频残差 $r(i) = x(i) - \hat{x}(i)$。

步骤 3：定义每个音频采样点 $x(i)$ 的 ±1 嵌入代价如下：

$$\rho_i^{+1} = \begin{cases} \dfrac{1}{|r(i)|}, & \text{当} r(i) < 0 \\[2mm] \dfrac{10}{|r(i)|}, & \text{当} r(i) > 0 \\[2mm] 10, & \text{当} r(i) = 0 \end{cases} \tag{8.1}$$

$$\rho_i^{-1} = \begin{cases} \dfrac{1}{|r(i)|}, & \text{当} r(i) > 0 \\[2mm] \dfrac{10}{|r(i)|}, & \text{当} r(i) < 0 \\[2mm] 10, & \text{当} r(i) = 0 \end{cases} \tag{8.2}$$

其中，$r(i)$ 表示采样点 $x(i)$ 在高码率下经过 AAC 编码之后的残差，将它从音频采样点上擦除不会引起感知失真。并且 $|r(i)|$ 越大，$x(i)$ 经过 ±1 修改后引起的感知失真越小。在算法中，当 $r(i) > 0$ 时，表示 $x(i)$ 在经过 AAC 编码之后会变小，为了保持感知特性，相应的嵌入采样点在修改的时候应该减小。因此，$x(i) + 1$ 造成的失真会更大，算法中设置为初始值的 10 倍。$r(i) = 0$ 表明采样点是感知相关的，对它进行修改会造成很大的感知失真，算法中将其修改代价设置为 10。

步骤 4：失真函数 D 定义如下式，使用 STC 编码进行嵌入得 $y = \text{STC}(m, x, \rho)$，其中 m 是待嵌入的秘密信息。

$$D(x, y) = \sum_{i=1}^{n} \rho_i(x(i), y(i)) \tag{8.3}$$

$$\rho_i(x(i), y(i)) = \begin{cases} \rho_i^{+1}, & \text{当} y(i) = x(i) + 1 \\ \rho_i^{-1}, & \text{当} y(i) = x(i) - 1 \\ 0, & \text{当} y(i) = x(i) \end{cases} \tag{8.4}$$

算法的性能分析：在计算效率方面，算法的计算开销主要包括代价计算和 STC 编码。由于算法在计算代价时需要借用 AAC 编码器获得重构的音频数据，因此算法的延时很大。算法的最大相对负载率可达到 3.13%(依据 16 位采样数据的 LSB 嵌入测算)。在安全性方面，针对 LSB 隐写的分析方法有很多，它们同样适用于分析音频时域低比特位隐写方法。但是，还未见专门攻击时域自适应隐写的分析方法研究。此外，可利用的低比特位数 (安全负载限理论) 和代价函数设计方法等都是值得进一步研究的。

8.2 回声隐藏法

回声隐藏方法最早是由 Bender 等 [124] 提出的，它通过引入回声将数据嵌入到载体音频信号中。嵌入数据时需要调整回声的三个参数 (图 8.2)：初始振幅、衰退率和偏移量。通过减小原始信号与回声之间的偏移，两个信号会发生混合，在某个特定的点，人耳无法分辨出这两个信号，回声可以被认为是附加共振。编码器使用两个延迟时间，其中一个表示比特 "1"，另一个表示比特 "0"。两个延迟时间都必须小于人耳所能分辨回声的门限时延。除了减小延迟时间，还可以通过将初始振幅和衰退率设置在人耳能识别的门限值之下以确保嵌入信息不被感知。一般地，可以将嵌入信息后的音频信号 $y[t]$ 表示为原始信号 $x[t]$ 和回声核 $h[t]$ 的卷积，即

$$y[t] = x[t] * h[t] \tag{8.5}$$

式 (8.5) 中的回声核 $h[t]$ 可具体表示成

$$h[t] = \delta[t] + \alpha\delta[t - d] \tag{8.6}$$

其中，α 和 δ 分别表示衰退率和偏移量。例如，图 8.2 给出了两个脉冲的例子。图中 "1" 核 (δ_1) 表示编码比特 "1" 所使用的系统函数，"0" 核 (δ_2) 表示编码比特 "0" 所使用的系统函数。使用图中不同的核可以生成不同的回声信号，原始信号和回声之间的延迟 $\delta_{0,1}$ 可通过使用不同的核函数获得。

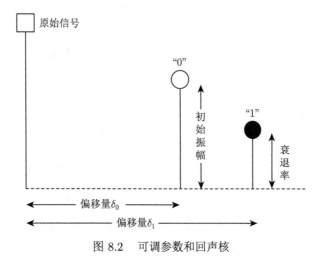

图 8.2 可调参数和回声核

　　为了能够编码多个比特信息，可先将原始信号分成更小的片段，每个片段都看作独立的信号，再通过引入回声来编码想要隐藏的比特信息，最后将所有独立编码的片段重新组合起来即可得到所需要的载密音频。为了使混叠信号更不易被感知，使用"1"核构建一个"1"型回声信号，使用"0"核构建一个"0"型回声信号。为了结合这两类信号，需要预先生成两个取值为"0"或"1"的混合器信号 (图 8.3)，其取值取决于原始信号各部分待嵌入的信息。将"1"型混合器信号与"1"型回声信号相乘、"0"型混合器信号与"0"型回声信号相乘，然后将两者乘积结果相加。需要注意的是，"1"型混合器信号与"0"型混合器信号是互补的，这两个信号相加的值恒等于"1"。上述方法能够使各部分在嵌入不同信息时平缓过渡，阻止了生成共振信号时的突变。整个隐写编码过程的流程如图 8.4 所示。

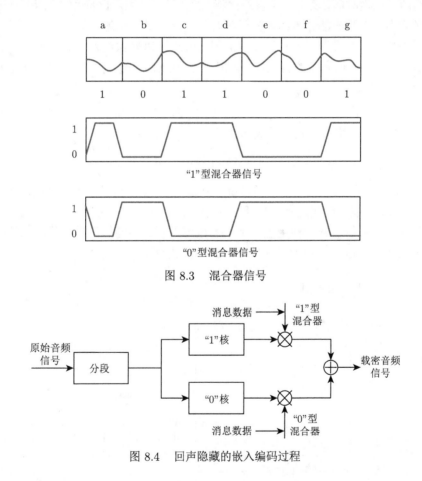

图 8.3　混合器信号

图 8.4　回声隐藏的嵌入编码过程

　　秘密信息通过两个不同时延的回声信号嵌入到原始信号中，提取信息时需要计算载密信号倒频谱，然后根据信号倒谱域中峰值出现的位置来确定隐藏信息是

"0" 或 "1"。根据式 (8.5)，倒谱的计算表达式为

$$c_y[t] = F^{-1}\left(\ln F\left(y[t]\right)\right) = F^{-1}\left(\ln X\left(e^{jw}\right)\right) + F^{-1}\left(\ln H\left(e^{jw}\right)\right) \tag{8.7}$$

算法的性能分析：回声隐藏算法实现简单，但是信息隐藏容量较低，并且在回声幅度较小的时候，回声的尖峰容易被淹没，造成信息无法提取。Yang 等 [125] 在 Bender 回声隐藏算法的基础上进行了改进，提出了多延迟位置的方法，不同于传统算法中使用 2 个延迟偏置，改进后的算法引入了 4 个延迟偏置，提高了信息隐藏容量，并且通过在倒频谱域中比较信号回声位置处幅度值强度来恢复信息。

在算法安全性方面，针对回声隐写的分析研究很多。Xie 等 [126] 提出了一种基于滑动窗口倒谱行为分析的主动攻击的方法，还引入了倒谱尖峰位置聚集率 (cepstrum peak location aggregation rate，CPLAR) 特征，用于回声隐写分析。这种方法还可以确定分割长度，但很难检测出 PN 回声核 (positive-and-negative kernels，PN-kernels) 隐写。同时 Oh 等 [127] 还提出可以采用多种回声核融合的隐写算法使得 CPLAR 特征完全失效。Yang 等 [128] 提出了一种基于倒谱和差分方差统计量的回声隐写分析法，通过构造倒谱和差分方差统计量 (variants of difference of sum of cepstrum，VDSC) 度量隐写对原始信号的影响。

8.3 相位编码法

相位编码法利用了 HAS 系统对不同频谱分量的相对相位敏感度不同，将初始音频段的相位替换为表示嵌入数据的参考相位实现信息的嵌入，修改位置之后的段也要进行相应的调整，确保各段之间的相对相位不会发生改变。就信号的感知信噪比而言，相位编码是最有效的编码方法之一。当各频率分量之间的相位关系发生显著变化时，会发生明显的相位色散现象。而只要相位修正足够小，就可以实现不可感知的编码。相比于其他的隐写术，相位编码能够更好地容忍信号失真。相位编码法的具体实现步骤如下。

步骤 1：将载体音频信号 $s[i](0 \leqslant i \leqslant I-1)$ 切分为 N 个子段 $s_n[i](0 \leqslant n \leqslant N-1)$。

步骤 2：计算每个子段 $s_n[i]$ 的 K 点 DFT 变换 $(K = I/N)$，构建一个相位矩阵 $[\phi_n(\omega_k)]_{N \times K}$ 和幅度矩阵 $[A_n(\omega_k)]_{N \times K}(0 \leqslant k \leqslant K-1,\ 0 \leqslant n \leqslant N-1)$。

步骤 3：计算两个相邻子段的相位差 $\Delta\phi_{n+1}(0 \leqslant n \leqslant N-1)$ 为

$$\Delta\phi_{n+1}(\omega_k) = \phi_{n+1}(\omega_k) - \phi_n(\omega_k) \tag{8.8}$$

步骤 4：如图 8.5 所示，构造首个子段 s_0 的绝对相位 $\phi_0' = \phi_{\text{data}}$，其中 $\phi_{\text{data}} = \pi/2$ 或 $-\pi/2$ 分别代表比特 "0" 或 "1"。

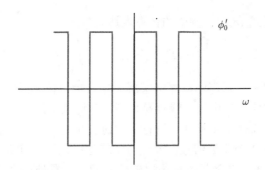

图 8.5　构造子段 s_0 的绝对相位 $\phi_0^{'}$

步骤 5：对于剩余的子段 $(1 \leqslant n \leqslant N)$，利用式 (8.8) 的相位差重构相位矩阵为

$$
\begin{bmatrix}
\left(\phi_1^{'}(\omega_k) = \phi_0^{'}(\omega_k) + \Delta\phi_1(\omega_k)\right) \\
\vdots \\
\left(\phi_n^{'}(\omega_k) = \phi_{n-1}^{'}(\omega_k) + \Delta\phi_n(\omega_k)\right) \\
\vdots \\
\left(\phi_N^{'}(\omega_k) = \phi_{N-1}^{'}(\omega_k) + \Delta\phi_N(\omega_k)\right)
\end{bmatrix}
\tag{8.9}
$$

步骤 6：通过 DFT 逆变换修改后的相位矩阵 $\phi_n^{'}(\omega_k)$ 和原始的幅度矩阵 $A_n(\omega_k)$ 重构获得载密音频信号。

相反地，信息提取之前首先要对序列进行同步，提取方需要获得子段长度、DFT 变换的点数和数据间隔等参数，然后检测第一个子段的相位值来判定嵌入数据是比特 "0" 或 "1"。虽然修改 $\phi_0^{'}(\omega_k)$ 后导致其后继子段的绝对相位都会被修改，但是相邻子段之间的相对相位差保持不变。这能很好保持算法的不可感知性，因为人耳对相对相位差要比对绝对相位更敏感。

算法的性能分析：相位色散是由各频率分量之间的相位关系中断引起的失真，最小化相位色散会限制相位编码的速率。导致相位色散的原因包括使用二进制编码替代 $\phi_0^{'}(\omega_k)$ 和相位调整器的变化率。相位编码算法的隐藏容量一般能达到每个声道 $8 \sim 32$ bps，其中 8 kbps 相当于分配 128 频隙/比特。

8.4　扩　频　法

扩频技术 (spread spectrum, SS) 是在数据通信领域发展起来的概念，它通过产生传递信息的冗余副本，使经过噪声信道干扰的原始数据仍能够被正确恢复。代表性的扩频方式有两种：直接序列扩频 (direct-sequence spread spectrum, DSSS)

和跳频 (frequency-hopping spread spectrum，FHSS)。它最早是由 Tirkel 引入到信息隐藏领域，扩频法也是经典的古典隐写术之一。该方法的基本思想是把隐藏信息乘以一个双方共享的 m 序列，将窄带的秘密信息调制到载体信号的整个频带上实现信息隐藏。扩频法的优点是即使噪声破坏了一些隐藏信息，也可以通过副本来恢复信息。

下面以基于 DSSS 的隐写算法为例介绍扩频隐写的原理。DSSS 编码和解码过程需要共享一个密钥，它通常是一个伪随机噪声，比如白噪声。密钥的作用是将编码信息序列调制成扩频序列。在嵌入编码时，首先将秘密消息乘上载波信号和伪随机噪声，由于噪声具有很宽的频谱，所以秘密信息的频谱将会扩散到整个可用频带上。然后，扩频序列衰减后作为加性随机噪声叠加到原始的音频信号 (图 8.6)。考虑到当信号相位改变时调制编码也随之改变，所以 DSSS 采用双相移键控。在信息提取时，相位值 ϕ_0 和 $\phi_0 + \pi$ 分别被解析为比特 "0" 和比特 "1"。提取方需要提供编码所使用的密钥，以及知道扩频数据的开始和结束位置，这些信息可以通过信号同步实现。此外，提取方还要获悉的参数有采样率、数据速率和载波频率等。

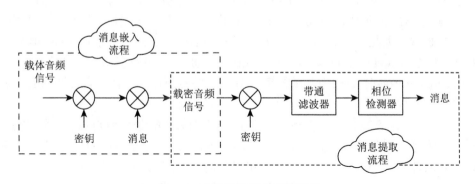

图 8.6 扩频隐写法的实现原理

算法的性能分析：不同于相位编码方法，扩频隐写引入了加性随机噪声，为了保证噪声不可感知，扩频编码信号需要衰减到宿主信号 (原始音频信号) 的 0.5% 左右。基于 DSSS 的隐写算法的隐藏容量大约为 4 bps。在算法安全性方面，Altun 等[129] 提出了基于边际失真递减原理的形态学隐写分析方法，将音频信号建模成一阶自回归过程模型，证明了隐写音频与携带测试水印的隐写音频之间的汉明距小于载体音频与携带测试水印的载体音频之间的汉明距。Xie 等[130] 发现对同一原始音频进行多次 DSSS 隐写时，第一次隐写引起的失真最为剧烈，并提出了一种基于失真测度的隐写分析特征。

8.5　传输协议载体的隐写方法

前面章节介绍的信息隐写方法主要利用载体内容 (或协议载荷数据) 的冗余性进行消息隐写，除了可以在载荷上嵌入信息外，还可以利用文件格式或传输协议的结构冗余性来隐写信息。由于格式类隐写方法的原理相对简单易懂，本节将简要概述基于 IP 的语音传输协议 (voice over Internet protocol，VoIP 协议) 的隐写方法的思想及进展。

VoIP 协议是一种语音通话技术，经由网际协议 (IP) 来达成语音通话与多媒体会议，也就是经由互联网来进行通信。其他非正式的名称还有 IP 电话、互联网电话、宽带电话和宽带电话服务等。VoIP 协议被广泛用于包括 VoIP 电话、智能手机、个人计算机在内的诸多互联网接入设备，通过蜂窝网络、Wi-Fi 进行通话及发送短信。H.323 是常见的 VoIP 标准，由 ITU-T 于 1996 年提出，原本是用于局域网的视频会议，后来被应用于 VoIP 网络电话上。H.323 定义了一个综合性的规范，包括语音压缩格式 (G.711、G.729、G.723.1)、影像压缩格式 (H.261、H.263)、调用信令 (H.225)、控制信令 (H.245)、注册与认证等。对于 VoIP 的应用而言，H.323 的子协议多且复杂性高，在许多技术问题上受限，不容易针对新的应用作扩展。因此，IETF (Internet engineering task force) 分别在 1999 年 8 月提出 MGCP(media gateway control protocol) 协议与 1999 年 3 月的 SIP(session initiation protocol) 新架构，试图简化 H.323 的复杂性，且在语音传递功能提供较高的延展性。

VoIP 协议隐写方法主要利用协议中保留字段域或数据包间的时序关系来实现信息隐藏，充分结合了数据流实时性的特点，对隐写检测提出了更高挑战。根据嵌入原理不同，VoIP 协议隐写方法可以分为三类: 修改协议数据单元 (protocol data unit，PDU) 方法、修改 PDU 时序关系方法、混合方法。

1) 修改 PDU 方法

常用的 PDU 嵌入域包括通信会话中 IP(Internet protocol)、UDP(user datagram protocol) 和 RTP(real-time transport protocol) 等数据包头的保留字段 (冗余字段) 和 SIP 信令等。Mazurczyk 等 [131] 评估了可用于 SIP 协议的隐写技术，实现在 VoIP 语音呼叫的信令阶段创建隐蔽通道。除了描述现有的隐写方法之外，他们还估计了可以在 VoIP 语音呼叫的信令消息中传输的数据量。他们也提出了一个网络隐写解决方案 [132]，它利用协议中的保留字段来嵌入信息，包括 IP、UDP 或 TCP 等协议。Bai 等 [133] 利用 RTCP(real-time transport control protocol) 报头的抖动字段具有可用于设置隐蔽通道的特性，提出了一种新型的抖动场嵌入方法。为了建立此隐写通道，需要计算当前网络中抖动字段的统计参数，然后根据获得的参数将秘密消息调制到抖动字段中。实验分析了抖动数据的自然变化，结果表明攻击者无法通过其统计参数检测到隐写通信。Forbes [134] 针对 RTP 协议设计并实现了一个新的隐写方法，它通过修改 RTP 报头中的时间戳值以发送秘密消息，该方法理论上的隐藏容量可达到 350 bps。通过使用 RTP 包头，可以避免使用 RTP 有效载荷的隐蔽信道所面临的许多挑战。由于时间戳字段中的预期变化及 RTP 协议的灵活性，该隐写方法很难被检测到。Lloyd [135] 通过实验证明了在 VoIP 语音的 SIP 和 SDP(session description protocol) 数据包中隐藏消息的能力。SIP 和 SDP 数据包的纯文本性质允许将易于嵌入的消息编码为预期的数据，同时由于每个 VoIP 会话仅发送一次数据包，因此也被"隐藏在可见的范围内"。实验结果成功将隐式消息隐藏在 Max-Forwards 字段，用于发送方和接收方之间的总跳数的字段 (V 字段)，用于所用 SIP 版本的字段 (T 字段)，通常用于会话在发送和接收端变为活动状态的时间，以及用于指定呼叫最初来自的所有者 (O 字段)。最后对隐蔽通道的可检测性进行了讨论。

2) 修改 PDU 时序关系方法

常用的 PDU 时序关系包括 PDU 包间时延、PDU 包序列次序、PDU 损失等。对等 VoIP 呼叫从头到尾进行加密并通过低延迟匿名网络进行匿名处理，提供了既安全又匿名的保护。Wang 等 [136] 提出了一种水印嵌入技术，可用于有效地识别和关联加密的对等 VoIP 呼叫，即使它们被低延迟匿名网络匿名。算法的关键思想是通过略微调整所选数据包的时序，将唯一的水印嵌入加密的 VoIP 流中。分析表明只需花费几毫秒的时间即可调整正常 VoIP 流的唯一性，并且如果使用适当的冗余功能，则可以在低延迟匿名网络中保留嵌入式水印。Shah 等 [137] 介绍了 JitterBugs 的内联侦听机制，它通过扰乱外部可观察网络流量的输入事件时间来秘密地传输数据。放置在受信任环境深处的输入设备上的 JitterBug (如隐藏在电缆或连接器中) 可以泄漏敏感数据，而不会损害主机或其软件。Chen 等 [138] 研究了对等 (peer-to-peer，P2P)VoIP 呼叫的隐私和安全性，并说明 VoIP 的使用如何显著改变了传统 PSTN 呼叫中先前存在的隐私和安全性之间的平衡。实验表明同时使用强加密和可用的低延迟匿名网络并不一定能提供人们直观期望的 VoIP 匿名级别。Shah 等 [139] 介绍了一种新型的秘密信道，它可通过在共享通信介质 (如无线网络) 上产生外部干扰来工作。他们实现了一种用于 802.11 网络的无线干扰信道，即使该网络已加密或具有其他访问控制，它也可用于在数据流上叠加低带宽消息。此通道特别适合在不影响任何路由器或端点主机的情况下为 VoIP 流加水印。

3) 混合方法

混合方法指同时采用上述两个嵌入域的隐写方法。Mazurczyk 等 [132] 在归纳总结可用于为 VoIP 流创建隐蔽通道的隐写方法外，还提出了 LACK 算法 (丢失音频数据包隐写算法),它通过利用延迟的音频数据包提供混合的存储定时隐蔽通道。实验结果估计了在典型的 VoIP 对话阶段可以传输秘密数据的总量,而与隐写分析无关。Arackaparambil 等 [140] 研究基于分布的异常检测方法的参数 (旋钮),以及它们的调整是如何影响检测质量,在检测 IP 语音 (VoIP) 流量中的隐蔽通道时,分析了流行的基于熵的异常检测。他们开发了一个概率模型来解释旋钮调整对误报率和误漏报率的影响,以及通过实验分析应如何设置旋钮以实现较高的检测率和较低的误报率。他们还显示了隐式通道的吞吐量 (异常的大小) 如何影响检测速率。Hamdaqa 等 [141] 通过比较现有的机制讨论了 VoIP 隐写术的挑战,并提出了一种新的 VoIP 隐写方法。当前的 VoIP 隐写技术缺乏在不削弱隐写系统的情况下提供可靠性的机制,因此,他们修改了基于 Lagrange 插值的 (k, n) 门限秘密共享方案。然后,在 LACK 隐写机制上应用了两阶段方法,以提供可靠性和容错能力,并增加隐写分析的复杂性。可靠性的代价是带宽的损失,因此所提出的方法还提供了使分组利用最大化的机制,以减轻增加冗余的影响。

8.6　音频隐写软件及分析

当前音频隐写研究发展迅速,出现了很多音频隐写算法,但是公开的音频隐写软件不多。通过对互联网上公开的隐写软件进行收集,表 8.1 列出了一些常见的支持音频格式载体的隐写软件。从表中可以发现,主流的音频隐写软件多采用时域 LSB 隐写算法和 MP3 参数隐写算法,隐写方式较简单。

不同于通常的隐写分析,隐写软件分析是一种特殊的隐写分析方法,其基本思想是通过利用隐写软件的缺陷和漏洞,分析软件遗留在隐秘载体中的特征来识别隐写。分析方法的关键是获得隐写软件标识的鲁棒特征 (隐写软件特征码),其优势是能够很准确地判定隐秘载体、识别隐写软件算法,以及提取隐藏秘密信息等。隐写软件分析也可作为一种隐写分析取证技术。

国内在隐写软件分析研究方面取得了一些重要研究成果,主要有信息工程大学研究了基于模型检测的隐写软件识别技术 [142]、基于核心代码的隐写软件识别技术 [143]、基于代码分割的隐写软件识别技术 [144]、互联网隐写软件特征码与选位机制 [145-147],西安电子科技大学针对网上 24 种隐写软件的注册表信息进行了分析和检测 [148],中科大提出一种针对图像隐写软件的图谱评估方法 [149]、利用 PCX 格式位图文件的统计特征和结构特性对隐写软件 WNS 进行攻击和破解 [150],中科院信工所采用软件逆向等技术完全破解了电子密写水印和 Trojan 隐写软件 [151]。当前,隐写软件分析方法主要有针对具有固定嵌入特征隐写软件的黑箱分析方法、软件逆向分析法等。下面重点介绍 Xiao Steganography、InvisibleSecrets、DeepSound、MP3Stego、MP3Stegz 等几款音频隐写软件的分析破解方法。

表 8.1   常见互联网音频隐写软件列表

序号	隐写软件	支持音频格式	隐写算法	是否开源	下载地址
1	East-Tec InvisibleSecrets V4.8 (2013.3)	WAV	LSB	否	http://www.east-tec.com/invisiblesecrets
2	Steghide V0.5.1 (2003.10)	WAV、AU	LSB	是	http://steghide.sourceforge.net
3	SilentEye V0.4.3 (2013.2)	WAV	LSB	是	http://silenteye.v1kings.io
4	OpenPuff V4.00 (2012.7)	AIFF、MP3、WAV	N/A	否	http://embeddedsw.net/Open-Puff_Steganography_Home.html
5	Xiao Steganography V2.6.1 (2007.11)	WAV	LSB	否	https://xiao-steganography.en.softonic.com
6	StegoStick V1.0 (2008.6)	WAV	LSB	是	https://sourceforge.net/projects/stegostick
7	DeepSound V2.0 (2015.11)	FLAC、WAV、WMA、MP3、APE	LSB	否	http://jpinsoft.net/deepsound
8	MP3Stego V1.1.18 (2006.6)	MP3	参数编码	是	http://www.petitcolas.net/steganography/mp3stego
9	UnderMP3Cover V1.1 (2004.4)	MP3	LSB	是	https://sourceforge.net/projects/ump3c
10	Steganos Privacy Suite V18.0.2 (2016)	WAV	N/A	否	https://www.steganos.com/en/-steganos-privacy-suite-18
11	Hide4PGP V2.0 (2000.2)	WAV、VOC	LSB	是	http://www.heinz-repp.online-home.de/Hide4PGP.htm
12	S-Tools V4.0 (1999.11)	WAV	LSB	否	http://www.ljudmila.org/matej/privacy/kripto/stegodl.html
13	mp3stegz V1.0 (2008.5)	MP3	LSB	否	https://sourceforge.net/projects/mp3stegz

1)Xiao Steganography 软件

Xiao Steganography (图 8.7) 是一款免费软件，它可以将私密文件隐藏于 BMP 图像或 WAV 文件中。这个工具的使用非常简单，运行这个程序后依据操作向导，在程序界面中加载任意一个 BMP 图片或 WAV 文件，然后添加所要隐藏的文件。此外，它还提供了加密功能，支持的加密算法包括 RC4、DES、3-DES/112，以及 SHA 和 MD5 等哈希函数。用户可以选择任意一个加密算法，然后保存最终的目标文件。如果用户想从隐写文件中读取隐藏信息，将会再次用到这个软件。该软件会读取隐写文件，然后从中解码出隐藏的信息，并且通常无法通过其他的软件来提取出隐藏信息。

Xiao Steganography 支持 WAV 音频格式的信息嵌入和提取，经过对该软件进行逆向分析发现，它使用的是 LSB 隐写算法。对隐藏消息内容提取的分析过程具体如下：首先取出待检测的音频文件的实际数据部分，即滤除掉 RIFF 协议头的部分，并对数据部分进行 LSB 解析。起始部分如果出现连续的 "0x54 41 72 CA

F5 E0 A0 E6 78 16 3C"(11 字节) 特征比特串，则可判定为 Xiao Steganography
软件隐写。在判定隐写的基础上还可进一步分析隐写消息的结构和内容，图 8.8 是
Xiao Steganography 软件所采用的嵌入隐写消息的协议组成结构。

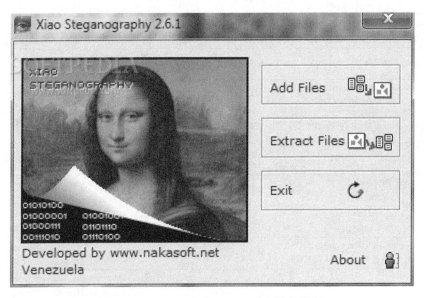

图 8.7　Xiao Steganography 隐写软件界面

0x54 41 72 CA F5 E0 A0 E6 78 16 3C	0x01 00 00 00(未知字段)	嵌入消息长度(4字节)
0x00 00 00 00/0xFF FF FF FF (加密标识)	加密算法(4字节)	Hash算法(4字节)
隐藏文件后缀名(3字节)	隐藏文件长度(4字节)	隐藏文件名(10字节)
隐藏文件数据		

图 8.8　Xiao Steganography 隐写消息的协议结构

依据上述分析，Xiao Steganography 隐写音频的检测及隐藏文件提取算法步
骤如下。

步骤 1：对 WAV 音频数据进行 LSB 位解析，获得字节流 msg。

步骤 2：取 $msg[0\cdots10]$ 与特征码 "0x54 41 72 CA F5 E0 A0 E6 78 16 3C"
做匹配，若匹配成功，则判定为 Xiao Steganography 隐写音频并继续执行步骤 3
进行隐藏文件提取；否则判定为正常音频。

步骤 3：取 $msg[27\cdots29]$ 得到隐藏文件扩展名、$msg[30\cdots33]$ 得到隐藏文件

长度 filelen、msg[34 · · · 43] 得到隐藏文件名、msg[44 · · · 44 + filelen − 1] 为隐藏文件数据。

2) InvisibleSecrets 软件

East-tec InvisibleSecrets (图 8.9) 是一款革命性的隐写术和文件加密软件，它不仅能够加密包含机密数据的文件和文件夹结构，而且还可以隐藏文件，从而使其对任何用户完全不可见。它是一个完整的隐私和加密软件解决方案，除了加密文件内容并隐藏文件的核心功能外，还包括密码管理器、文件粉碎器和程序锁定等功能。

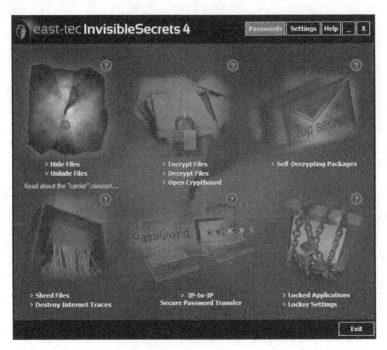

图 8.9　East-tec InvisibleSecrets 隐写软件界面

East-tec InvisibleSecrets 可帮助用户保护机密性并防止数据泄露，不仅可以安全地对其进行加密，还可以隐藏选定的数据以安全存储或通过 Internet 安全传输。通过将信息伪装成正常文件，它可以帮助用户隐藏不希望他人知晓的计算机上的机密信息。因此，即使是文件被拦截非授权用户也不会知道里面隐藏着什么，他所看到或听到的只是正常的照片或音频。保护机密信息，使其对其他用户和程序完全不可见，并防止将其移交给错误的人。软件支持五种常见的载体形式，可以用于隐藏其他文件，包括 JPEG、PNG、BMP、HTML 和 WAV 文件。如果有人检查，他们只会看到正常播放的普通精美图片或音频文件，没有什么可疑的，这种技术称为隐写术。通过使用它，没有人会怀疑文件中藏着什么东西并试图破坏它。该隐写术软件还提供了多种加密方法，以提高秘密信息的隐身性和安全性，并增加对手在尝试获取秘密信息的难度。

East-tec InvisibleSecrets 支持 WAV 音频格式的隐写，同样也是采用 LSB 嵌入方式，不同的是它仅使用数据段奇数字节的 LSB 位隐藏，并不使用偶数字节 (图 8.10)。软件并支持 AES-Rijndael、Blowfish、Twofish、RC4、Cast128、GOST、Diamond 2 和 Sapphire 2 等加密算法。

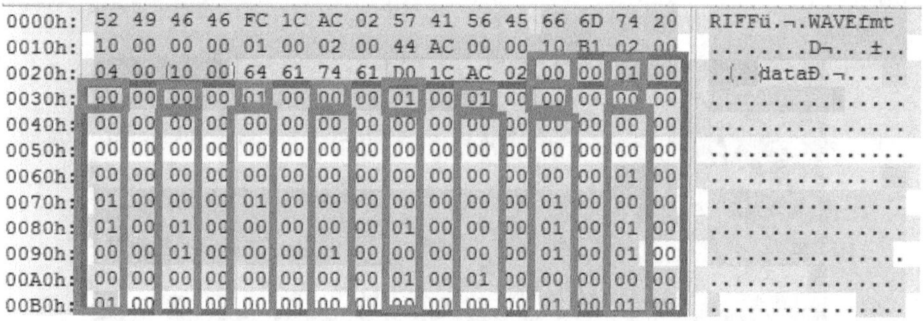

图 8.10　数据段奇数字节位置嵌入

经分析，InvisibleSecrets 软件嵌入隐写消息的协议结构如图 8.11 所示，每个字段项后添加 2 个字节控制符 "0x0D 0A"(表示回车换行)。隐写消息的协议头主要包括：InvisibleSecrets 软件的隐写特征码 "!IS2.0ACCESS" (12 字节)、加密算法选择字段、文件路径字段 (可能包括多个文件)、压缩标识字段和加标识密字段。

如图 8.11 所示，每个隐藏文件数据主要包括三个部分：隐藏文件长度、文件加密数据和校验位。InvisibleSecrets 隐写音频检测及隐藏文件提取算法的步骤如下。

步骤 1：提取待检测 WAV 文件数据段中奇数字节位置的 LSB 位，获得消息字节流 msg 和消息长度 msglen。

步骤 2：解析 $msg[0 \cdots 3]$ 得到 desclen，若 desclen < 43 或 desclen $>$ msglen-4，则判定为正常音频；否则进一步解析 $msg[4 \cdots 4 + desclen - 1]$。

步骤 3：解析 $msg[4+desclen \cdots 4+desclen+3]$ 得到 contentlen，若 contentlen $>$ msg $- 4 -$ decrlen $- 3$，则判定为正常音频；否则，设 $k = 8 + desclen$，并解析 $msg[k \cdots k + 3]$ 为 filelen。

步骤 4：若 filelen $>$ contentlen 或 filelen $>$ msglen $- k$，则判定为正常音频；否则提取 $msg[k + 4 \cdots k + filelen]$ 即为第 1 个隐藏文件数据。

步骤 5：同样地可以依次提取第 2 个至第 n 个隐藏文件。

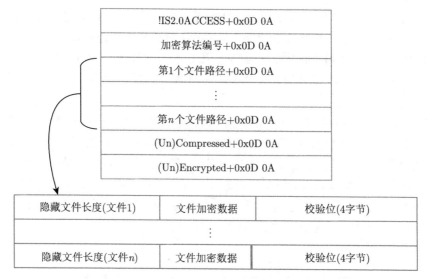

图 8.11 InvisibleSecrets 软件的隐写消息协议结构

3) DeepSound 软件

DeepSound (图 8.12) 是一款音频隐秘术工具和音频转换器，可将秘密数据隐藏到音频文件中，还能够直接从音频文件或音频 CD 轨道中提取秘密文件。该

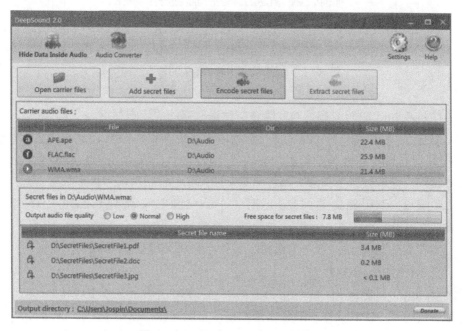

图 8.12 DeepSound 隐写软件界面

软件工具也可以用作 Wave、FLAC、WMA、APE 和音频 CD 的版权标记软件。DeepSound 支持使用 AES-256(高级加密标准) 对秘密文件进行加密, 以改善数据保护能力。作为一个易于使用的音频转换器工具, 它可以将多种音频格式 (FLAC、MP3、WMA、WAV 和 APE 等) 编码为 FLAC、MP3、WAV 和 APE 等音频格式。

DeepSound 的隐写方式与 InvisibleSecrets 相同, 仅使用 WAV 音频格式数据段中奇数字节的 LSB 位隐藏。经分析, DeepSound 软件的隐写协议结构如图 8.13 所示, 依次是 DeepSound 软件的隐写特征码 "DSCF"(4 字节)、嵌入模式标识字段 (1 字节)、加密标识字段 (1 字节)、嵌入内容起始标记 "DSSF"(4 字节)、隐藏文件名称 (20 字节)、隐藏文件长度 (4 字节)、隐藏文件数据 (16 倍数字节) 和嵌入内容结束标记 "DSSF"(4 字节)。

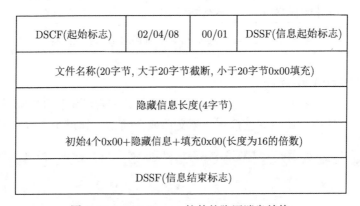

图 8.13　DeepSound 软件的隐写消息结构

DeepSound 隐写音频检测及隐藏文件提取算法的步骤如下。

步骤 1: 提取待检测 WAV 文件数据段中奇数字节的 LSB 位获得消息字节流 msg, 解析 $\text{msg}[0\cdots3]$ 与字符串 "DSCF" 比较, 若匹配成功, 则判定为 DeepSound 隐写音频, 并进行如下步骤实现对隐藏文件提取; 否则判定为正常音频。

步骤 2: 遍历 msg 直到首次匹配字符串 "DSSF", 解析 $\text{msg}[10\cdots19]$ 表示隐藏文件名称、$\text{msg}[20\cdots23]$ 表示隐藏文件长度。

步骤 3: 提取 $\text{msg}[28\cdots]$ 直到匹配字符串 "DSSF" 为隐藏文件数据。

4) MP3Stegz 软件

MP3Stegz (图 8.14) 是由 mp3stegz.sf.net 公司开发的一款免费软件, 使用隐写算法实现在 MP3 文件中隐藏秘密数据, 它能够保持原始 MP3 文件的大小和声音质量, 隐藏消息在嵌入前使用 zlib 算法压缩和 Rijndael 算法进行加密。

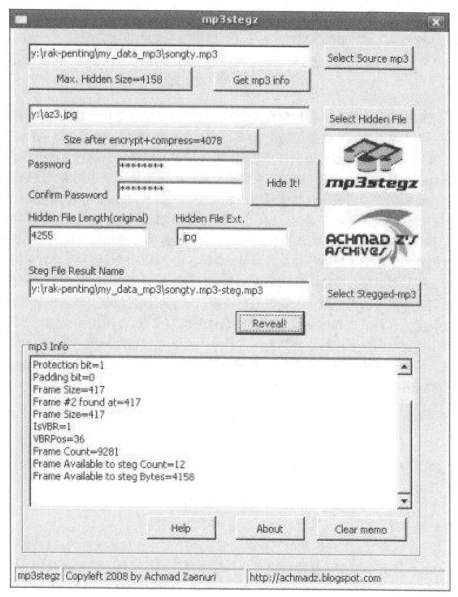

图 8.14　MP3Stegz 隐写软件界面

Wang 等 [152] 分析了 MP3Stegz 软件遗留在隐写音频中的固定特征，能够对 MP3Stegz 隐写音频进行快速识别。具体检测算法如下。

步骤 1：以二进制形式打开待检测的 MP3 音频文件，遍历音频帧获得每帧的第 37~41 字节串和第 42~56 字节串。

步骤 2：若音频帧第 37~40 字节中出现字符"X"，且当前音频帧的第 41 个

字节为字符 "1" ～ "9" 中字符, 或者当前音频帧中第 42～56 字节中出现连续的
两个字符 "#", 则判定为 MP3Stegz 隐写音频; 反之为正常音频。

8.7   本章小结

本章介绍了一些与编码松耦合的隐写方法, 包括时域低比特位隐写、回声隐
藏法、相位编码法、扩频法、VoIP 隐写, 以及常见的网络音频隐写软件等。时域
低比特位隐写是一种最经典的基于 LSB 嵌入的隐写算法, 它通过修改数字媒体
的最低有效位 (LSBR 或 LSBM) 来编码与携带隐藏信息。回声隐藏方法通过引
入回声将数据嵌入到载体音频信号中, 嵌入数据时需要调整回声的初始振幅、衰
退率和偏移量这三个参数。相位编码法利用了听觉对不同频谱分量的相对相位敏
感度不同, 将初始音频段的相位替换为表示嵌入数据的参考相位实现信息的嵌入,
修改位置之后的段也要进行相应的调整, 确保各段之间的相对相位不会发生改变。
扩频法的基本思想是把隐藏信息乘以一个双方共享的 m 序列, 将窄带的秘密信息
调制到载体信号的整个频带上实现信息隐藏。除了可以在载荷上嵌入信息外, 还
可以利用文件格式或传输协议的结构冗余性来隐写信息, VoIP 协议隐写方法主
要利用协议中保留字段域或数据包间的时序关系来实现信息隐藏。最后, 介绍了
当前一些互联网隐写软件的原理及其特定检测方法, 包括 Xiao Steganography、
InvisibleSecrets、DeepSound 和 MP3Stegz 等。

思   考   题

(1) 掌握时域 LSB 隐写算法的原理, 思考如何实现基于 $\pm k$ 操作的自适应隐
写, 并比较它与 ± 1 算法的性能。

(2) 了解回声隐藏法、相位编码法和扩频法的嵌入原理, 比较它们的嵌入容量
和计算复杂度。

(3) 理解第 8.6 节中四款隐写软件的算法原理, 并计算各软件的隐写嵌入率。

(4) 从第 8.6 节中选择两种隐写软件检测算法进行实现, 并通过制作样本验
证检测算法的有效性。

参 考 文 献

[1] Fridrich J. Steganography in Digital Media: Principles, Algorithms, and Applications. Cambridge: Cambridge University Press, 2009.

[2] 赵险峰, 张弘. 隐写学原理与技术. 北京: 科学出版社, 2018.

[3] 葛秀慧, 田浩. 隐写分析原理与应用. 北京: 清华大学出版社, 2014.

[4] Simmons G J. The Prisoners' Problem and The Subliminal Channel. Boston: Springer US, 1984.

[5] Wikipedia. Confusion matrix. https://en.wikipedia.org/wiki/Confusion_matrix [2019-11-05].

[6] Zhao Z, Guan Q, Zhang H, et al. Improving the robustness of adaptive steganographic algorithms based on transport channel matching. IEEE Transactions on Information Forensics and Security, 2018, 14(7): 1843-1856.

[7] Lu W, Zhang J, Zhao X, et al. Secure robust JPEG steganography based on autoencoder with adaptive BCH encoding. IEEE Transactions on Circuits and Systems for Video Technology, 2020, 31(7): 2909-2922.

[8] Yu X, Chen K, Wang Y, et al. Robust adaptive steganography based on generalized dither modulation and expanded embedding domain. Signal Processing, 2020, 168: 107343.

[9] Zhang Y, Luo X, Wang J, et al. Image robust adaptive steganography adapted to lossy channels in open social networks. Information Sciences, 2021, 564: 306-326.

[10] Zhu L, Luo X, Yang C, et al. Invariances of JPEG-quantized DCT coefficients and their application in robust image steganography. Signal Processing, 2021, 183: 108015.

[11] 黎家力. 语音频编码标准及发展趋势. 通信技术与标准, 2008, 6(7-8): 1-18.

[12] SourceForge. The LAME project. http://lame.sourceforge.net [2018-12-11].

[13] Wikipedia. MP3. https://en.wikipedia.org/wiki/MP3 [2018-12-11].

[14] Pan D. A tutorial on MPEG/audio compression. IEEE MultiMedia, 1995, 2(2): 60-74.

[15] Wikipedia. AAC. https://en.wikipedia.org/wiki/Advanced_Audio_Coding [2019-01-03].

[16] Wikipedia. CELP. https://en.wikipedia.org/wiki/Code-excited_linear_prediction [2019-01-07].

[17] 韩纪庆, 张磊, 郑铁然. 语音信号处理. 3 版. 北京: 清华大学出版社, 2019.

[18] Petitcolas F. MP3Stego. https://www.petitcolas.net/steganography/mp3stego [2019-01-28].

[19] Westfeld A. Detecting low embedding rates. International Workshop on Information Hiding, 2002: 324-339.

[20] Yan D, Wang R, Zhang L. Quantization step parity-based steganography for MP3 audio. Fundamenta Informaticae, 2009, 97(1-2): 1-14.

[21] Yan D, Wang R. Huffman table swapping-based steganograpy for MP3 audio. Multimedia Tools and Applications, 2011, 52(2-3): 291-305.

[22] Yan D, Wang R, Yu X, et al. Steganography for MP3 audio by exploiting the rule of window switching. Computers & Security, 2012, 31(5): 704-716.

[23] 宋华, 幸丘林, 李维奇, 等. MP3Stego 信息隐藏与检测方法研究. 中山大学学报 (自然科学版), 2004, 43(S2): 221-224.

[24] Song H, Hu T, Huang Y, et al. Detecting MP3Stego and estimating the hidden size. WSEAS International Conference on Computers, 2006: 367-370.

[25] Yan D, Wang R, Yu X, et al. Steganalysis for MP3Stego using differential statistics of quantization step. Digital Signal Processing, 2013, 23(4): 1181-1185.

[26] 郭洪刚, 严迪群, 王让定, 等. 基于差分统计量的 MP3Stego 隐写分析算法. 计算机工程与应用, 2015, 51(7): 88-92.

[27] Hernandez-Castro J, Estevez-Tapiador J, Palomar E, et al. Blind steganalysis of MP3Stego. Journal of Information Science and Engineering, 2010, 26(5): 787-1799.

[28] Yan D, Wang R. Detection of MP3Stego exploiting recompression calibration-based feature. Multimedia Tools and Applications, 2014, 72(1): 865-878.

[29] Yu X, Wang R, Yan D, et al. MP3 audio steganalysis using calibrated side information feature. Journal of Computer Information Systems, 2012, 8(10): 4241-4248.

[30] Yu X, Wang R, Yan D. Detecting MP3Stego using calibrated side information features. Journal of Software, 2013, 8(10): 2628-2637.

[31] 李友勇, 潘峰, 申军伟. 针对 MP3Stego 的一种边信息作为特征的改进分析算法. 小型微型计算机系统, 2015, 36(3): 572-575.

[32] 余先敏. 压缩域音频隐写分析技术研究. 宁波: 宁波大学, 2013.

[33] 陈益如, 王让定, 严迪群. 基于 Huffman 码表索引的 MP3Stego 隐写分析方法. 计算机工程与应用, 2012, 48(9): 124-126.

[34] 万威, 赵险峰, 黄炜, 等. 基于码表分布特征和重编码的 MP3Stego 隐写分析. 中国科学院大学学报, 2012, 29(1): 118-124.

[35] 严迪群. 压缩域音频隐写与隐写分析中若干问题的研究. 宁波: 宁波大学, 2012.

[36] 羊开云, 王让定, 严迪群, 等. MP3Stego 嵌入密文长度估计. 中国科技论文, 2014, 9(4): 429-433.

[37] SourceForge. UnderMP3Cover. https://sourceforge.net/projects/ump3c[2019- 02-21].

[38] Jin C, Wang R, Yan D, et al. Steganalysis of UnderMP3Cover. Journal of Computer Information Systems, 2012, 8(24): 10459-10468.

[39] 刘秀娟, 郭立. 大容量 MP3 比特流音频隐写算法. 计算机仿真, 2007, 24(5): 110-113.

[40] 高海英. 基于 Huffman 编码的 MP3 隐写算法. 中山大学学报 (自然科学版), 2007, 46(4): 32-35.

[41] 敖珺, 李睿, 张涛. 基于 MP3 格式的语音隐写算法. 桂林电子科技大学学报, 2016, 36(4): 315-320.

[42] 严迪群, 王让定, 张力光. 基于 Huffman 编码的大容量 MP3 隐写算法. 四川大学学报 (自然科学版), 2011, 48(6): 1281-1286.

[43] 张力光. 基于压缩域音频的信息隐藏技术研究. 宁波: 宁波大学, 2009.

[44] Yang K, Yi X, Zhao X, et al. Adaptive MP3 steganography using equal length entropy codes substitution. International Workshop on Digital Forensics and Watermarking, 2017: 202-216.

[45] Yi X, Yang K, Zhao X, et al. AHCM: Adaptive huffman code mapping for audio steganography based on psychoacoustic model. IEEE Transactions on Information Forensics and Security, 2019, 14(8): 2217-2231.

[46] 董亚坤. 基于 MP3 的信息隐藏技术研究. 北京: 北京邮电大学, 2015.

[47] 邹明光. 大众数字音频隐写算法研究. 武汉: 华中科技大学, 2015.

[48] 杨云朝, 杨坤, 易小伟, 等. 基于符号位修改的 MP3 自适应隐写. 第十四届全国信息隐藏暨多媒体信息安全学术大会, 2018: 1-8.

[49] Jin C, Wang R, Yan D. Steganalysis of MP3Stego with low embedding-rate using markov feature. Multimedia Tools and Applications, 2017, 76(5): 6143-6158.

[50] Ren Y, Xiong Q, Wang L. A steganalysis scheme for AAC audio based on MDCT difference between intra and inter frame. International Workshop on Digital Forensics and Watermarking, 2017: 217-231.

[51] Kim D H, Yang S J, Chung J H. Additive data insertion into MP3 bitstream using linbits characteristics. IEEE International Conference on Acoustics, Speech, and Signal Processing, 2004: IV 181-184.

[52] 王敬, 杨扬, 肖蓉. 一种基于 MPEG-2 AAC 编码的音频水印方法. 北京科技大学学报, 2009, 31(4): 525-529.

[53] 王运韬, 杨坤, 易小伟, 等. 基于块内块间相关性的 MP3 隐写分析特征. 第十四届全国信息隐藏暨多媒体信息安全学术大会, 2018: 1-9.

[54] 王让定, 羊开云, 严迪群, 等. 一种基于共生矩阵分析的 MP3 音频隐写检测方法, 中国, CN201510053970.2. 2015.

[55] Lecun Y, Bottou L, Bengio Y, et al. Gradient-based learning applied to document recognition. Proceedings of the IEEE, 1998, 86(11): 2278-2324.

[56] Krizhevsky A, Sutskever I, Hinton G E. ImageNet classification with deep convolutional neural networks. Communications of the ACM, 2017, 60(6): 84-90.

[57] Simonyan K, Zisserman A. Very deep convolutional networks for large-scale image recognition. International Conference on Learning Representations, 2015: 1-14.

[58] Szegedy C, Liu W, Jia Y, et al. Going deeper with convolutions. IEEE Conference on Computer Vision and Pattern Recognition, 2015: 1-9.

[59] He K, Zhang X, Ren S, et al. Deep residual learning for image recognition. IEEE Conference on Computer Vision and Pattern Recognition, 2016: 770-778.

[60] Huang G, Liu Z, van Der Maaten L, et al. Densely connected convolutional networks. IEEE Conference on Computer Vision and Pattern Recognition, 2017: 2261-2269.

[61] Qian Y, Dong J, Wang W, et al. Learning and transferring representations for image steganalysis using convolutional neural network. IEEE International Conference on Image Processing, 2016: 2752-2756.

[62] Boroumand M, Chen M, Fridrich J. Deep residual network for steganalysis of digital images. IEEE Transactions on Information Forensics and Security, 2019, 14(5): 1181-1193.

[63] Paulin C, Selouani S A, Hervet E. Audio steganalysis using deep belief networks. International Journal of Speech Technology, 2016, 19(3): 585-591.

[64] Chen B, Luo W, Li H. Audio steganalysis with convolutional neural network. ACM Workshop on Information Hiding and Multimedia Security, 2017: 85-90.

[65] Wang Y, Yang K, Yi X, et al. CNN-based steganalysis of MP3 steganography in the entropy code domain. ACM Workshop on Information Hiding and Multimedia Security, 2018: 55-65.

[66] Wang Y, Yi X, Zhao X, et al. RHFCN: Fully CNN-based steganalysis of MP3 with rich high-pass filtering. IEEE International Conference on Acoustics, Speech and Signal Processing, 2019: 2627-2631.

[67] Ren Y, Liu D, Xiong Q, et al. Spec-ResNet: A general audio steganalysis scheme based on deep residual network of spectrogram. arXiv 1901.06838, 2019: 1-12.

[68] Geiser B, Vary P. High rate data hiding in ACELP speech codecs. IEEE International Conference on Acoustics, Speech and Signal Processing, 2008: 4005-4008.

[69] Miao H, Huang L, Chen Z, et al. A new scheme for covert communication via 3G encoded speech. Computers & Electrical Engineering, 2012, 38(6): 1490-1501.

[70] Ren Y, Wu H, Wang L. An AMR adaptive steganography algorithm based on minimizing distortion. Multimedia Tools and Applications, 2018, 77(10): 12095-12110.

[71] Ren Y, Yang H, Wu H, et al. A secure amr fixed codebook steganographic scheme based on pulse distribution model. IEEE Transactions on Information Forensics and Security, 2019, 14(10): 2649-2661.

[72] Ding Q, Ping X. Steganalysis of compressed speech based on histogram features. International Conference on Wireless Communications Networking and Mobile Computing, 2010: 1-4.

[73] Miao H, Huang L, Shen Y, et al. Steganalysis of compressed speech based on Markov and entropy. International Workshop on Digital Forensics and Watermarking, 2013: 63-76.

[74] Ren Y, Cai T, Tang M, et al. AMR steganalysis based on the probability of same pulse position. IEEE Transactions on Information Forensics and Security, 2015, 10(9): 1801-1811.

[75] Tian H, Wu Y, Chang C C, et al. Steganalysis of adaptive multi-rate speech using statistical characteristics of pulse pairs. Signal Processing, 2017, 134: 9-22.

[76] Liu J, Tian H, Liu X, et al. Detecting steganography in AMR speech based on pulse correlation. Security and Privacy in New Computing Environments, 2019: 485-497.

[77] Tian H, Liu J, Chang C C, et al. Steganalysis of AMR speech based on multiple classifiers combination. IEEE Access, 2019, 7: 140957-140968.

[78] Gong C, Yi X, Zhao X, et al. Recurrent convolutional neural networks for AMR steganalysis based on pulse position. ACM Workshop on Information Hiding and Multimedia Security, 2019: 2-13.

[79] Huang Y, Liu C, Tang S, et al. Steganography integration into a low-bit rate speech codec. IEEE Transactions on Information Forensics and Security, 2012, 7(6): 1865-1875.

[80] Liu X, Tian H, Huang Y, et al. A novel steganographic method for algebraic-code-excited-linear-prediction speech streams based on fractional pitch delay search. Multimedia Tools and Applications, 2019, 78(7): 8447-8461.

[81] Ren Y, Liu D, Yang J, et al. An AMR adaptive steganographic scheme based on the pitch delay of unvoiced speech. Multimedia Tools and Applications, 2019, 78(7): 8091-8111.

[82] Gong C, Yi X, Zhao X. Pitch delay based adaptive steganography for AMR speech stream. International Workshop on Digital Forensics and Watermarking, 2018: 275-289.

[83] 刘程浩, 柏森, 黄永蜂, 等. 一种基于基音预测的信息隐藏算法. 计算机工程, 2013, 39(2): 137-140.

[84] Nishimura A. Data hiding in pitch delay data of the adaptive multi-rate narrow-band speech codec. International Conference on Intelligent Information Hiding and Multimedia Signal Processing, 2009: 483-486.

[85] Nishimura A. Steganographic band width extension for the AMR codec of low-bit-rate modes. Annual Conference of the International Speech Communication Association, 2009: 2611-2614.

[86] 余迟, 黄刘生, 杨威, 等. 一种针对基音周期的 3G 信息隐藏方法. 小型微型计算机系统, 2012, 33(7): 1445-1449.

[87] Yan S, Tang G, Sun Y, et al. A triple-layer steganography scheme for low bit-rate speech streams. Multimedia Tools and Applications, 2015, 74(24): 11763-11782.

[88] 黄永峰. 网络隐蔽通信及其检测技术. 北京: 清华大学出版社, 2016.

[89] Ramachandran R P, Kabal P. Pitch prediction filters in speech coding. IEEE Transactions on Acoustics, Speech, and Signal Processing, 1989, 37(4): 467-478.

[90] Tian H, Jiang H, Zhou K, et al. Adaptive partial-matching steganography for voice over IP using triple M sequences. Computer Communications, 2011, 34(18): 2236-2247.

[91] Ren Y, Yang J, Wang J, et al. AMR steganalysis based on second-order difference of pitch delay. IEEE Transactions on Information Forensics and Security, 2016, 12(6): 1345-1357.

[92] 李松斌, 贾已真, 付江云, 等. 基于码书关联网络的基音调制信息隐藏检测. 计算机学报, 2014, 37(10): 2107-2117.

[93] 贾已真, 李松斌, 蒋雨欣, 等. 基于共生特性的 G.729A 基音调制信息隐藏的检测. 电子学报, 2014, 43(8): 1513-1517.

[94] 任延珍, 柳登凯, 杨婧, 等. 基于基音延迟组内相关性的 AMR 隐写分析算法. 华南理工大学学报 (自然科学版), 2018, 46(5): 22-31.

[95] Tian H, Huang M, Chang C C, et al. Steganalysis of adaptive multi-rate speech using statistical characteristics of pitch delay. International Journal of Universal Computer Science, 2019, 25(9): 1131-1150.

[96] Liu X, Tian H, Liu J, et al. Steganalysis of adaptive multiple-rate speech using parity of pitch-delay value. International Conference on Security and Privacy in New Computing Environments, 2019: 282-297.

[97] Wu Y, Zhang H, Sun Y, et al. Steganalysis of amr based on statistical features of pitch delay. International Journal of Digital Crime and Forensics, 2019, 11(4): 66-81.

[98] Kodovský J, Fridrich J. Calibration revisited. ACM Workshop on Multimedia and Security, 2009: 63-67.

[99] Xiao B, Huang Y, Tang S. An approach to information hiding in low bit-rate speech stream. IEEE Global Telecommunications Conference, 2008: 1-5.

[100] Liu J, Tian H, Lu J, et al. Neighbor-index-division steganography based on QIM method for G.723.1 speech streams. Journal of Ambient Intelligence and Humanized Computing, 2016, 7(1): 139-147.

[101] Tian H, Liu J, Li S. Improving security of quantization-index-modulation steganography in low bit-rate speech streams. Multimedia Systems, 2014, 20(2): 143-154.

[102] 杨婉霞, 余晖, 胡萍. 在压缩语音编码中集成信息隐藏方法研究. 电子学报, 2014, 42(7): 1305-1310.

[103] Liu P, Li S, Wang H. Steganography in vector quantization process of linear predictive coding for low-bit-rate speech codec. Multimedia Systems, 2017, 23(4): 485-497.

[104] Liu P, Li S, Wang H. Steganography integrated into linear predictive coding for low bit-rate speech codec. Multimedia Tools and Applications, 2017, 76(2): 2837-2859.

[105] Ren Y, Zheng W, Wang L. SILK steganography scheme based on the distribution of LSF parameter. Asia-Pacific Signal and Information Processing Association Annual Summit and Conference, 2018: 539-548.

[106] He J, Chen J, Xiao S, et al. A novel AMR-WB speech steganography based on diameter-neighbor codebook partition. Security and Communication Networks, 2018: 1-11.

[107] Chen B, Wornell G W. Quantization index modulation: A class of provably good methods for digital watermarking and information embedding. IEEE Transactions on Information Theory, 2001, 47(4): 1423-1443.

[108] 李松斌, 孙东红, 袁键, 等. 一种基于码字分布特性的 G.729A 压缩语音流隐写分析方法. 电子学报, 2012, 40(4): 842-846.

[109] Li S B, Tao H Z, Huang Y F. Detection of quantization index modulation steganography in G.723.1 bit stream based on quantization index sequence analysis. Journal of Zhejiang University Science C, 2012, 13(8): 624-634.

[110] 李松斌, 黄永峰, 卢记仓. 基于统计模型及 SVM 的低速率语音编码 QIM 隐写检测. 计算机学报, 2013, 36(6): 1168-1176.

[111] Li S, Jia Y, Kuo C C J. Steganalysis of QIM steganography in low-bit-rate speech signals. IEEE/ACM Transactions on Audio, Speech, and Language Processing, 2017, 25(5): 1011-1022.

[112] 李松斌, 杨洁, 蒋雨欣. 低速率语音码流中的码元替换信息隐藏检测. 网络新媒体技术, 2017, 6(1): 7-18.

[113] Yang J, Li S. Steganalysis of joint codeword quantization index modulation steganography based on codeword Bayesian network. Neurocomputing, 2018, 313: 316-323.

[114] Tu S, Huang X, Huang Y, et al. SSLSS: Semi-supervised learning-based steganalysis scheme for instant voice communication network. IEEE Access, 2018, 6: 66153-66164.

[115] Lin Z, Huang Y, Wang J. RNN-SM: Fast steganalysis of VoIP streams using recurrent neural network. IEEE Transactions on Information Forensics and Security, 2018, 13(7): 1854-1868.

[116] Yang H, Yang Z, Huang Y. Steganalysis of VoIP streams with CNN-LSTM network. ACM Workshop on Information Hiding and Multimedia Security, 2019: 204-209.

[117] Bender W, Gruhl D, Morimoto N, et al. Techniques for data hiding. IBM Systems Journal, 1996, 35(3/4): 313-336.

[118] Kekre H, Athawale A, Rao S, et al. Information hiding in audio signals. International Journal of Computer Applications, 2010, 7(9): 14-19.

[119] Kekre D H, Athawale M A A. Information hiding using LSB technique with increased capacity. International Journal of Cryptography and Security, 2008, 1(2): 1-11.

[120] Vimal J, Alex A M. Audio steganography using dual randomness LSB method. International Conference on Control, Instrumentation, Communication and Computational Technologies, 2014: 941-944.

[121] Zou M, Li Z. A wav-audio steganography algorithm based on amplitude modifying. International Conference on Computational Intelligence and Security, 2014: 489-493.

[122] 邹明光, 李芝棠. 基于振幅值修改的 WAV 音频隐写算法. 通信学报, 2014, 35(Z1): 36-40.

[123] Luo W, Zhang Y, Li H. Adaptive audio steganography based on advanced audio coding and syndrome-trellis coding. International Workshop on Digital Forensics and Watermarking, 2017: 177-186.

[124] Gruhl D, Lu A, Bender W. Echo hiding. International Workshop on Information Hiding, 1996: 295-315.

[125] 杨榆, 白剑, 徐迎晖, 等. 回声隐藏的研究与实现. 中山大学学报 (自然科学版), 2004, 43(A02): 50-52.

[126] Xie C, Cheng Y, Chen Y. An active steganalysis approach for echo hiding based on sliding windowed cepstrum. Signal Processing, 2011, 91(4): 877-889.

[127] Oh H O, Kim H W, Seok J W, et al. Transparent and robust audio watermarking with a new echo embedding technique. IEEE International Conference on Multimedia and Expo, 2001: 433-436.

[128] 杨榆, 雷敏, 钮心忻, 等. 基于回声隐藏的 VDSC 隐写分析算法. 通信学报, 2009, 30(2): 83-88.

[129] Altun O, Sharma G, Celik M, et al. Morphological steganalysis of audio signals and the principle of diminishing marginal distortions. IEEE International Conference on Acoustics, Speech, and Signal Processing, 2005, 2: 21-24.

[130] 黄昊, 郭立, 李琳. 基于失真测度的直接扩频音频隐写分析. 中国科学院研究生院学报, 2008, 25(2): 251-256.

[131] Mazurczyk W, Szczypiorski K. Covert channels in SIP for VoIP signalling. International Conference on Global e-Security, 2008: 65-72.

[132] Mazurczyk W, Szczypiorski K. Steganography of VoIP streams. International Conferences on the Move to Meaningful Internet Systems, 2008: 1001-1018.

[133] Bai L Y, Huang Y, Hou G, et al. Covert channels based on jitter field of the RTCP header. International Conference on Intelligent Information Hiding and Multimedia Signal Processing, 2008: 1388-1391.

[134] Forbes C R. A new covert channel over RTP. New York: Rochester Institute of Technology, 2009.

[135] Lloyd P. An exploration of covert channels within voice over IP. New York: Rochester Institute of Technology, 2010.

[136] Wang X, Chen S, Jajodia S. Tracking anonymous peer-to-peer VoIP calls on the Internet. ACM Conference on Computer and Communications Security, 2005: 81-91.

[137] Shah G, Molina A, Blaze M, et al. Keyboards and covert channels. USENIX Security Symposium, 2006: 59-75.

[138] Chen S, Wang X, Jajodia S. On the anonymity and traceability of peer-to-peer VoIP calls. IEEE Network, 2006, 20(5): 32-37.

[139] Shah G, Blaze M. Covert channels through external interference. USENIX Workshop on Offensive Technologies, 2009: 1-8.

[140] Arackaparambil C, Yan G, Bratus S, et al. On tuning the knobs of distribution-based methods for detecting VoIP covert channels. Hawaii International Conference on System Sciences, 2012: 2431-2440.

[141] Hamdaqa M, Tahvildari L. ReLACK: A reliable VoIP steganography approach. International Conference on Secure Software Integration and Reliability Improvement, 2011: 189-197.

[142] 赵正. 基于模型检测的隐写软件识别技术研究. 郑州: 解放军信息工程大学, 2013.

[143] 郑永振. 基于核心代码的隐写软件识别技术研究. 郑州: 解放军信息工程大学, 2012.

[144] 郑东宁. 基于代码分割的隐写软件识别技术研究. 郑州: 解放军信息工程大学, 2011.

[145] 任光, 陈嘉勇, 刘九芬. 隐写软件特征码与选位机制分析. 信息工程大学学报, 2009, 10(4): 436-440.

[146] 任光. 互联网上常见隐写软件的分析与攻击. 郑州: 解放军信息工程大学, 2009.

[147] 刘九芬, 陈嘉勇, 张卫明. 互联网上常见的图像隐写软件. 计算机研究与发展, 2006, 43(Z2): 285-289.

[148] 米鹏. 隐写软件检测系统的设计与实现. 西安: 西安电子科技大学, 2011.

[149] 刘振华, 翟卫东, 吕述望. 一种针对图像隐写软件的图谱评估方法. 中山大学学报 (自然科学版), 2004, 43(S2): 76-78.

[150] 陈庆元, 刘振华, 吕述望. 基于载体结构特征的隐写分析——对隐写软件 WNS 的攻击. 计算机工程与应用, 2004, 40(34): 39-41.

[151] 李金才, 易小伟, 赵险峰. 两款隐写软件的信息隐藏取证. 计算机科学, 2015, 42(B10): 138-143.

[152] 王让定, 金超, 严迪群, 等. 一种针对 MP3Stegz 的隐写检测方法 (CN201310119750). 2013.

附录 A 实　　验

本学科领域的实验操作性很强,为了方便读者更好地理解和掌握相关原理,以及丰富课程教学内容,附录依据章节内容选编了一些对应的实验。这些实验能够基本覆盖各章节的重要知识点,相关实验代码也支持最新的音频编解码器。

A.1　音频隐写工具的使用

【实验目的】

掌握 MP3Stego、MP3Stegz 和 SilentEye 等音频隐写工具的嵌入原理及流程,学会使用这些隐写工具进行秘密信息的嵌入和提取。

【实验环境】

Windows 7 及以上版本操作系统、CMD 命令行执行环境。

【原理简介】

MP3Stego、MP3Stegz 和 SilentEye 音频隐写工具的基本嵌入原理如下。

(1) MP3Stego 软件是在 WAV 格式文件 (PCM 编码) 压缩成 MP3 格式文件的过程中实现将消息嵌入到音频文件的。其中,待嵌入的数据由消息长度和消息内容组成,并使用 zlib 算法压缩和 3DES 算法加密处理。嵌入算法利用边信息中 part2_3_length 参数的 LSB 位编码隐藏信息 (也称 part2_3_length 的每个 LSB 位为一个隐写单元)。嵌入算法基于 SHA-1 算法来选择隐写单元的位置,并通过控制内循环 (量化循环) 的结束条件,实现将消息比特嵌入到隐写单元的奇偶位。图 A.1 为 MP3Stego 软件命令行界面图。

(2) MP3Stegz 软件也是在 MP3 文件中隐藏消息数据的一种隐写工具,它能够保持原始 MP3 文件的大小和音质,隐藏消息采用 Rijndael 算法做加密。图 A.2 所示为 MP3Stegz 软件的界面图。

(3) SilentEye 软件通过替换 WAV 音频中采样点值的 LSB 位实现嵌入信息。图 A.3 为 SilentEye 软件的界面图。

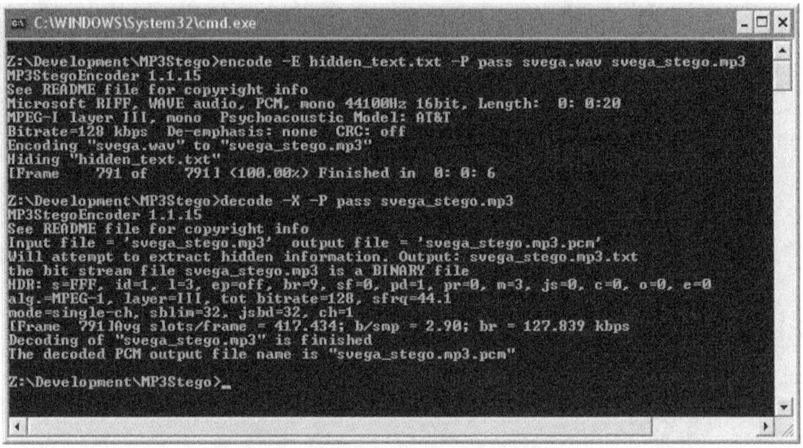

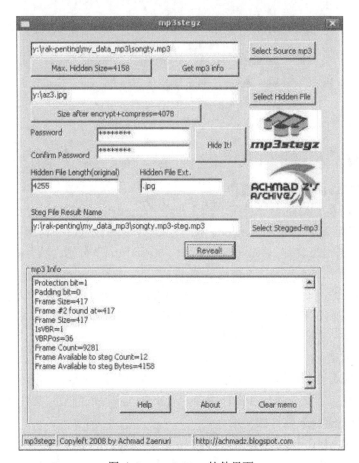

图 A.1   MP3Stego 软件的命令行界面

图 A.2   mp3stegz 软件界面

图 A.3   SilentEye 软件界面

【实验步骤】

1) MP3Stego 软件的使用

(1) 在系统 CMD 命令行下,输入指令 "**encode.exe** -E msg.txt cover.wav stego.mp3" 后运行。其中,"encode.exe -E" 表示隐写嵌入命令和选项,"msg.txt" 为输入的待嵌消息文件,"cover.wav" 和 "stego.mp3" 分别为输入的 WAV 格式音频载体和输出的载密 MP3 格式音频。

(2) 按照命令行的提示信息依次输入加密密钥,并确认后执行信息嵌入过程。

(3) 在 CMD 命令行提示符后输入指令 "**decode.exe** -X stego.mp3" 后运行,其中 "decode.exe -X" 表示隐写提取命令和选项,"stego.mp3" 为输入的载密 MP3 格式音频。

(4) 按照命令行的提示信息依次输入解密密钥,并确认后执行信息提取过程。

(5) 通过查看文件属性和文件内容,对比嵌入和提取的隐藏文件是否相同。

2) MP3Stegz 软件的使用

(1) 安装 MP3Stegz 软件后,打开 mp3stegz.exe 文件。

(2) 点击 "Select Source mp3" 按钮选择 MP3 格式的载体文件。

(3) 点击"Max.Hidden Size"按钮查看该载体文件的最大嵌入容量。

(4) 点击"Select Hidden File"按钮选择需要嵌入的消息文件,文件需小于最大嵌入容量。

(5) 依次输入 password 并确认,点击"Hide It!"执行嵌入过程。

(6) 点击"Select stegged-mp3"按钮选择 MP3 格式的载密文件,并点击"Reveal"按钮执行提取过程。

(7) 查看嵌入文件和提取文件的大小和文件内容是否一致。

3) SilentEye 软件的使用

(1) 安装 SilentEye 软件后,打开 SilentEye.exe 文件。

(2) 将 WAV 格式的载体文件拖入到制定区域中,点击"Encode"按钮。

(3) 在"Destination"输入框内输入生成载密文件的路径。

(4) 输入文本或者选择已有的 TXT 文件作为待隐藏的消息文件。

(5) 点击"Encode"按钮后执行消息嵌入过程。

(6) 将生成的载密文件拖入到制定区域中,点击"Decode"按钮后执行消息提取过程。

(7) 查看嵌入文件和提取文件的大小和文件内容是否一致。

【实验提示】

(1) MP3stego 算法的嵌入效率比较低,选择的嵌入文件不能太大。

(2) SilentEye 和 MP3Stegz 软件需要选择时长较长 (一般 3 分钟左右) 的音频文件,否则程序会报错。

(3) MP3Stegz 软件不支持 VBR 编码的 MP3 文件,仅支持 CBR 编码。

A.2 时域音频自适应隐写

【实验目的】

熟悉时域音频的 WAV 编码格式,了解时域样点值与音频内容的物理含义及关系,掌握时域音频的失真代价函数的构造方法原理,掌握 STC 隐写码的原理及编码流程,并学会使用时域音频自适应隐写工具进行秘密信息的嵌入和提取。

【实验环境】

Windows 7 及以上版本操作系统、Java Runtime Environment(JRE) 环境和 MATLAB 2012。

【原理简介】

实验以 Luo-2017-IWDW 算法为例，介绍时域音频自适应隐写的基本原理：在修改代价设计方面，Luo-2017-IWDW 算法使用 AAC 音频有损编码对 WAV 音频进行压缩获得 AAC 格式音频，然后解压缩后得到重构的 WAV 音频，最后计算原始 WAV 音频和重构 WAV 音频对应采样点的差值作为代价设计的模型，并计算每个采样点 ±1 修改的嵌入代价。Luo-2017-IWDW 算法在修改代价构造上主要利用了 AAC 编码器对音频内容失真的压缩模型，使得隐写嵌入失真与编码的量化失真保持一致。Luo-2017-IWDW 算法也是利用 STC 隐写码实现最优的嵌入修改。

【实验步骤】

Luo-2017-IWDW 算法的嵌入过程与提取过程如下。

(1) AAC 音频压缩。对输入 WAV 音频 $x(i)(i = 1, \cdots, n)$，其中 n 为音频采样点的个数，使用 AAC 编码器对其进行高比特率压缩获得原始音频的 AAC 编码音频，本实验中采用 FAAC1.28 编码器的 CBR 模式和 320 kbps 码率设置。

(2) WAV 音频重构。解压 AAC 音频获得重构的 WAV 音频 $x^{'}(i)(i = 1, \cdots, n)$。

(3) 计算原始音频与重构音频采样点的差值 $r(i)$：

$$r(i) = x(i) - x^{'}(i) \quad (i = 1, \cdots, n)$$

其中，若 $r(i)$ 的值越大，则表明对相应的采样点 $x(i)$ 修改后引入的感知失真越小。

(4) 代价函数定义。根据步骤 (3) 中的 $r(i)$ 值，定义对每个音频样点 $x(i)$ 作 ±1 修改的代价分别为 ρ_i^{+1} 和 ρ_i^{-1}：

$$\rho_i^{+1} = \begin{cases} \dfrac{1}{|r(i)|}, & r(i) < 0 \\[2mm] \dfrac{10}{|r(i)|}, & r(i) > 0 \\[2mm] 10, & r(i) = 0 \end{cases}$$

$$\rho_i^{-1} = \begin{cases} \dfrac{1}{|r(i)|}, & r(i) > 0 \\[2mm] \dfrac{10}{|r(i)|}, & r(i) < 0 \\[2mm] 10, & r(i) = 0 \end{cases}$$

(5) STC 消息嵌入编码。记 y 为载密的 WAV 音频，那么 $y = \mathrm{STC}(m, x, \rho)$，

其中，STC($\cdot$) 是 STC 嵌入编码函数，m 是嵌入消息，x 是原始 WAV 音频，ρ 是修改代价。

(6) 消息提取。利用 STC 的解码函数提取获得消息数据 m，即 $m = \text{STC}^{-1}(y)$，其中 STC^{-1} ($\cdot$) 是 STC 解码函数。

(7) 比较提取消息与嵌入消息的大小和数据内容是否一致。

【实验提示】

(1) WAV 音频文件的 AAC 压缩和 AAC 解压缩分别使用 FAAC 和 FAAD 软件进行。

(2) STC 编码功能可利用 Fridrich 团队官网上的 MATLAB 代码实现。

(3) 如果 WAV 音频文件的时长较长，可以使用音频分段进行 STC 编码进行嵌入，降低算法对内存占用和计算时间开销。

(4) 对于上述实验步骤 (4)，当 $r(i) > 0$ 时，表示样本值 $x(i)$ 在 AAC 压缩后减小，为了更好地保持感知质量，嵌入修改值也应该相应地减小，因此给 $x(i)+1$(值增大) 设置一个相对较大的修改代价，实验中设置成原来的 10 倍；反之亦然。当 $r(i) = 0$ 时，表示 $x(i)$ 经过 AAC 压缩后的值不变，因此为 $x(i)+1$ 和 $x(i)-1$(值修改) 设置一个相对较高的修改代价，实验中设置为 10 (远大于其他两个值)。

A.3 MP3 音频自适应隐写

【实验目的】

理解 MP3 音频的三个可嵌入域，包括哈夫曼码字域、系数符号位域和系数 Linbits 位域，熟悉 MP3 熵编码的基本原理及码流结构，掌握三个可嵌域的基本隐写嵌入方式，掌握 MP3 编码采用的心理声学模型，掌握 MP3 域音频的失真代价函数的构造方法原理，掌握 STC 隐写码的原理及编码流程，并学会使用 MP3 音频自适应隐写工具进行秘密信息的嵌入和提取。

【实验环境】

Windows 7 及以上版本操作系统、CMD 命令行执行环境。

【原理简介】

实验以 MP3 大值区系数的哈夫曼编码为例，其哈夫曼码流格式如图 A.4 所示，每两个 (一对)QMDCT 系数 $\langle x,y \rangle$ 组成一个编码单元，其中 $H_c(x,y)$ 为系数对 $\langle x,y \rangle$ 编码的哈夫曼码字。当系数值大于 15 时，溢出值部分以二进制的形式表示为 Linbits 位，分别记作 linbits_x 和 linbits_y。每个非零的系数都需要 1 个比特来表示符号位信息，分别记作 sign_x 和 sign_y。依据 MP3 所采用的比特池编码技术，嵌入消息比特前后 MP3 码流长度要保持不变，否则在 MP3 解码时会出现错误。因此，针对 MP3 音频的基本嵌入方法包括等长的哈夫曼熵码字替换法，系数符号位翻转法和 Linbits 位 LSB 修改法。

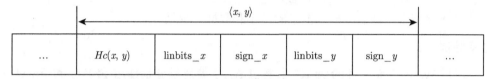

图 A.4　MP3 大值区系数的哈夫曼码流结构

(1) 码字替换法：算法对每一帧内相互替换之后不会改变帧长度的码字进行奇偶匹配，以奇偶匹配后的比特向量作为载体进行消息嵌入。算法以码字替换所引起的系数变化幅度作为嵌入操作引起的载体失真增量，通过心理声学模型中的绝对静音阈值计算扰动敏感度，结合失真增量和敏感度计算总的嵌入代价。利用 STC 编码方式自适应地选择最佳嵌入路径，从而有效地提高隐写算法的安全负载率。

(2) 符号位翻转法：算法先根据预设阈值选择合适的嵌入位置，并通过修改频域系数的符号位实现嵌入消息。将每帧可用的频域系数符号位组成比特向量作为原始载体，利用频域系数的修改幅度和心理声学模型相结合设计失真代价函数，并通过 STC 编码实现最优的消息编码嵌入。

(3) Linbits 位 LSB 替换法：算法使用 Linbits 域的 LSB 位和次 LSB 位作为候选嵌入位置，并将消息使用双层嵌入算法进行嵌入。首先提取系数的 Linbits 域的 LSB 位，并结合每个比例因子带的信噪比设计嵌入代价，利用 STC 编码将第一层消息嵌入。第二层的次 LSB 位要结合第一层中 LSB 位的修改情况动态地调整代价，尽量选择修改第一层已经发生翻转的系数，并将总的修改幅度控制在 ±1 范围内。最后结合两层的修改结果调整系数值。

【实验步骤】

1) 基于等长哈夫曼码字替换的 MP3 隐写算法

(1) 消息嵌入时：打开 ahcm.exe 程序所在目录，在 CMD 命令行中输入指令 "**ahcm.exe -embed** msg.txt **- width** 2 **-height** 7 **-key** 951127 cover.wav stego.mp3 **-b** 128" 后执行消息嵌入过程。其中，"ahcm.exe -embed" 表示隐写算法执行嵌入操作，"msg.txt" 为输入的待嵌消息文件，"-width" 和 "-height" 选项分别为 STC 矩阵的宽度和高度 (width 的取值范围一般为 2 10，height 的取值范围一般为 7 12)，"-key" 选项表示密钥参数，"cover.wav" 是输入的原始音频，"stego.mp3" 是输出的载密音频，"-b" 选项表示 MP3 的码率参数 (一般为

128、192、256、320)，码率越高，嵌入量越大。

(2) 打开 ahcm.exe 程序所在目录，在 CMD 命令行中输入指令 "**ahcm.exe -extract** ex_msg.txt **-width** 2 **-height** 7 **-key** 951127 **-msglen** 1000 stego.mp3 **–decode**" 后执行消息提取过程。其中，"ahcm.exe -extract" 表示隐写算法执行提取操作，"ex_msg.txt" 是提取得到的消息文件，"-msglen" 表示嵌入消息的大小，"–decode" 表示使用 LAME 程序的解码指令。

(3) 对比嵌入和提取的消息大小和内容是否一致。

2) 基于系数符号位翻转的 MP3 隐写算法

(1) 消息嵌入时：打开 acs.exe 程序所在目录，在 CMD 命令行中输入指令 "**acs.exe -embed** msg.txt **-width** 2 **-height** 7 **-framenum** 50 **-key** 951127 **-threshold** 2 cover.wav stego.mp3 **-b** 128" 后执行消息嵌入过程。其中，"-framenum" 表示使用帧的个数，"-threshold" 为系数选择的截断阈值，其他选项和参数含义同本实验算法 1)。

(2) 消息提取时：打开 acs.exe 程序所在目录，在 CMD 命令行中输入指令 "**acs.exe -extract** ex_msg.txt **-width** 2 **-height** 7 **-framenum** 50 **-key** 951127 **-threshold** 2 **-msglen** 1000 stego.mp3 **–decode**" 后执行消息提取过程。其中，选项和参数含义同本实验算法 1)。

(3) 对比嵌入和提取的消息大小和内容是否一致。

3) 基于 Linbits 域 LSB 翻转的 MP3 隐写算法

(1) 消息嵌入时：打开 def.exe 程序所在目录，在 CMD 命令行中输入指令 "**def.exe -embed** msg.txt **-width1** 2 **-width2** 2 **-height1** 7 **-height2** 7 **-framenumber** 50 **-msgnum** 1000 cover.wav stego.mp3 **-b** 320" 后执行消息嵌入过程。其中，"-width1" 和 "-width2" 分别为第一层和第二层 STC 矩阵宽度，"-height1" 和 "-height2" 分别为第一层和第二层 STC 矩阵高度，其他选项和参数含义同本实验算法 2)。

(2) 消息提取时：打开 def.exe 程序所在目录，在 CMD 命令行中输入指令 "**def.exe -extract** ex_msg.txt **-width1** 2 **-width2** 2 **-height1** 7 **-height2** 7 **-framenumber** 50 **-msgnum** 1000 stego.mp3 **–decode**" 后执行消息提取过程。其中，选项和参数含义同本实验算法 2)。

(3) 对比嵌入和提取的消息大小和内容是否一致。

【实验提示】

(1) 由于低码率 MP3 中的 QMDCT 系数值超过 15 的个数比较少，所以建议选择生成较高码率 MP3 来实现 Linbits 域的嵌入操作。

(2) 解码时 "–decode"，有两个 "-"。

A.4　语音编码自适应隐写

【实验目的】

理解 AMR 和 G.729 等语音编码原理，熟悉其编码流的结构，掌握线性预测系数域隐写 (CNV-QIM 算法)、固定码本域隐写 (Geiser-Vary 算法) 和自适应码本域隐写 (Huang-2012-TIFS 算法) 的隐藏原理，学会使用相应隐写工具进行秘密信息的嵌入和提取。

【实验环境】

Windows 7 及以上版本操作系统、Python 3.x 运行环境。

【原理简介】

语音流主要包括三个可嵌域，前面的内容已经分别对其原理做了很详细地介绍，这里主要针对每个域各选择一种经典的算法进行实验。

1) 线性预测系数域隐写实验

以 CNV-QIM 算法为例，它的隐藏思路是基于图论将 LPC 码字空间划分为互不重叠两个码字组 (分别编码比特 "0" 和比特 "1")，并且确保每个码字和其最邻近码字被划分到不同的分组。当嵌入比特 "0" 和比特 "1" 时，分别在对应码字组内进行 LPC 搜索实现详细嵌入。在 CNV-QIM 算法中，每个 LPC 码字视为图的一个顶点，码字之间的关系被定义为图的边，并且边的权重是由码字之间的欧氏距离来定义。

2) 固定码本域隐写实验

以 Geiser-Vary 算法为例，它通过限制每个轨道第 2 个脉冲的位置实现消息嵌入，算法的嵌入原理如下。设 i_t 和 i_{t+5} 分别表示第 t 个 $(0 \leqslant t \leqslant 4)$ 轨道上第一和第二个非零脉冲的位置值，$m_{(2t,2t+1)}$ 表示第 t 个轨道上待嵌入的 2 比特消息。计算 i_{t+5} 的两个可选值，即第二个脉冲的候选搜索位置为

$$i_{t+5} = \begin{cases} g^{-1}\left(g\left(\left\lfloor \dfrac{i_t}{5} \right\rfloor\right) \oplus m_{(2t,2t+1)}\right) \cdot 5 + t \\ g^{-1}\left(g\left(\left\lfloor \dfrac{i_t}{5} \right\rfloor\right) \oplus m_{(2t,2t+1)} + 4\right) \cdot 5 + t \end{cases}$$

其中，g 和 g^{-1} 分别表示格雷码的编码和解码，$\oplus$ 是按位异或运算，$\lfloor \cdot \rfloor$ 是下取整运算。相应地，消息提取算法为

$$m_{(2t,2t+1)} = g\left(\left\lfloor \frac{i_t}{5} \right\rfloor\right) \oplus g\left(\left\lfloor \frac{i_{t+5}}{5} \right\rfloor\right) \%4$$

3) 自适应码本域隐写实验

以 Huang-2012-TIFS 算法为例，AMR 以 20ms(帧长度) 为单位进行编码，自适应码本的搜索是在 5ms(子帧长度) 完成基音周期的搜索和编码的。自适应码本搜索包括开环基音估计和闭环基音估计两个步骤，首先将输入语音信号转换为加权语音信号，然后对前两个子帧和后两个子帧，分别计算得到两个开环基音估计 T_{OL}；闭环基音估计则是在开环基音估计 T_{OL} 的附近搜索得到，每个子帧的闭环基音估计包括基音延迟和增益。因此，每个子帧的基音延迟包括整数基音延迟和分数基音延迟。对于第一和第三个子帧，整数基音延迟是分别基于第一个开环基音估计 T_{OL1} 和第二个开环基音估计 T_{OL2} 预估得到的；对于第二和第四个子帧的整数基音延迟分别是基于第一和第三个子帧的整数基音延迟得到的。

例如，记第 1 个子帧的整数基音延迟为 $T_1 \in [18, 143]$，对应的开环基音估计为 T_{OL1}，则 T_1 的搜索范围为

$$
T_1 \in \begin{cases}
[18, 24], & T_{OL1} < 21 \\
[T_{OL1} - 3, T_{OL1} + 3], & 21 \leqslant T_{OL1} \leqslant 140 \\
[137, 143], & T_{OL1} > 140
\end{cases}
$$

当嵌入消息比特"0"时，则 T_1 的搜索范围修改为

$$
T_1 \in \begin{cases}
\{18, 20, 22, 24\}, & T_{OL1} < 21 \\
\{T_{OL1} - 2, T_{OL1} + 2\}, & 21 \leqslant T_{OL1} \leqslant 140, T_{OL1}\%2 = 0 \\
\{T_{OL1} - 3, T_{OL1} - 1, T_{OL1} + 1, T_{OL1} + 3\}, & 21 \leqslant T_{OL1} \leqslant 140, T_{OL1}\%2 = 1 \\
\{138, 140, 142\}, & T_{OL1} > 140
\end{cases}
$$

当嵌入消息比特"1"时，则 T_1 的搜索范围修改为

$$
T_1 \in \begin{cases}
\{19, 21, 23\}, & T_{OL1} < 21 \\
\{T_{OL1} - 2, T_{OL1} + 2\}, & 21 \leqslant T_{OL1} \leqslant 140, T_{OL1}\%2 = 1 \\
\{T_{OL1} - 3, T_{OL1} - 1, T_{OL1} + 1, T_{OL1} + 3\}, & 21 \leqslant T_{OL1} \leqslant 140, T_{OL1}\%2 = 0 \\
\{137, 139, 141, 143\}, & T_{OL1} > 140
\end{cases}
$$

对应地，消息比特的提取算式为 $m = T_1\%2$。

【实验步骤】

1) 线性预测系数域隐写实验

(1) 实验使用 CNVQIM.exe 进行隐写,将音频载体文件放在 input 文件夹中(音频是 PCM 格式),output 文件夹用于存放隐写后的文件。

(2) 消息嵌入过程。使用 CNV-QIM 隐写算法,设置嵌入率为 100% 并进行消息模拟嵌入,则在 CMD 命令行提示符下输入指令 "**CNVQIM.exe -i** input **-o** output **-a** cnv **-r** 100" 后执行消息嵌入过程。其中,"CNVQIM.exe"表示隐写算法执行嵌入操作命令,"-r"选项表示嵌入率 ("-r 0"即生成的是 cover 样本,"-r 100"表示嵌入率满嵌),"-i"选项是输入的原始语音样本所在文件夹,"-o"选项是输出的载密语音样本所在文件夹。

(3) 使用 LPC_extract.py 进行参数提取,将需要提取参数的 G.729a 文件放在 input_ext 文件夹,output_ext 文件夹用于存放提取出的文件。

(4) LPC 参数提取过程。在 CMD 命令提示符下输入 "**LPC_extract.py** input_ext output_ext"。

(5) 对比嵌入消息和未嵌入消息的 LPC 参数。

2) 固定码本域隐写实验

(1) 消息嵌入时:打开 Geiser.exe 程序所在目录,在 CMD 命令行中输入指令 "**Geiser.exe** MR122 cover.pcm stego.amr msg.txt" 后执行消息嵌入过程。其中,"Geiser.exe"表示隐写算法执行嵌入操作命令,"MR122"参数表示 AMR 编码的码率 (码率越高,嵌入量越大),"cover.pcm"参数是输入的原始音频,"stego.amr"参数是输出的载密音频,"msg.txt"参数是输入的待嵌消息文件。

(2) 消息提取时:打开 ExtractPP.exe 程序所在目录,在 CMD 命令行中输入指令 "**ExtractPP.exe** stego.amr ExtractMsg.txt **-msglen** 1000" 后执行消息提取过程。其中,"ExtractPP.exe"表示隐写算法执行提取操作命令,"ExtractMsg.txt"参数是提取生成的消息文件,"-msglen"选项表示嵌入消息的长度。

(3) 对比嵌入和提取的消息大小和内容是否一致。

3) 自适应码本域隐写实验

(1) 消息嵌入时:打开 Huang.exe 程序所在目录,在 CMD 命令行中输入指令 "**Huang.exe** MR122 cover.pcm stego.amr msg.txt" 后执行消息嵌入过程。其中,"Huang.exe"表示隐写算法执行消息嵌入操作命令,"cover.pcm"参数是输入的原始音频,"stego.amr"参数是输出的载密音频,"msg.txt"参数是输入的待嵌消息文件。

(2) 消息提取时:打开 ExtractPD.exe 程序所在目录,在 CMD 命令行中输入指令 "**ExtractPD.exe** stego.amr ExtractMsg.txt **-msglen** 1000" 后执行消息提

取过程。其中,"ExtractPD.exe"表示隐写算法执行提取操作命令,"stego.amr"参数是输入的载密音频,"ExtractMsg.txt"参数是提取生成的消息文件,"-msglen"选项表示嵌入消息的长度。

(3) 对比嵌入和提取的消息大小和内容是否一致。

【实验提示】

(1) WAV 音频文件为 8kHz 采样率,16 比特量化。实验所用的样本都必须为 PCM 数据格式。可以使用 wav2pcm.py 去掉 WAV 文件头,将 WAV 文件格式变成 PCM 文件格式,使用时需要修改 wav2pcm.py 文件中输入文件的路径和保存路径。

(2) 算法的输入和输出文件夹的名字可以自己指定,生成的隐写文件不要指定在同一个输出文件夹下,可能会出现相同文件名而被覆盖的问题。

(3) Geiser-Vary 算法最后直接生成脉冲位置的 TXT 文件,EXE 文件集成了消息嵌入和参数提取。

(4) G.723.1、G.729 和 AMR 的编码原理相似,只在搜索范围和子帧个数上存在区别。

A.5　MP3 和 AAC 音频隐写分析

【实验目的】

掌握基于传统机器学习的音频隐写分析方法的基本原理,针对 MP3 和 AAC 编码格式,熟悉隐写分类检测器的检测流程、理解数据预处理的基本方法;掌握基于深度学习的音频隐写分析方法的基本原理,理解深度学习网络模型设计的基本思想,理解两类隐写分析方法的区别与联系,熟练使用 C/C++、Python 和 MATLAB 等编程语言实现隐写分析算法。

【实验环境】

Windows 7 及以上版本操作系统、CMD 命令行执行环境、MATLAB 2016a 和 Python 3.x 运行环境。

【原理简介】

本实验包括两部分:基于传统机器学习的分析方法和基于深度学习的分析方法。实验分析对象是 MP3 和 AAC 音频的量化系数,因此分析方法适用于检测 MP3 和 AAC 音频压缩域的隐写嵌入算法。下面分别介绍两类分析方法的原理。

1) 基于传统机器学习的隐写分析

传统分析方法是由隐写分析特征和分类器两部分组成的,其中隐写分析特征的设计对检测器的性能起决定性作用。实验以帧内帧间系数差分特征 (MDCT Difference between Intra-frame and Inter-Frame，MDI2)，即 MDI2 特征为例，该特征的计算方法见 4.4.2 小节。

2) 基于深度学习的隐写分析

与传统分析方法不同，深度学习分析方法不需要手工设计隐写分析特征，它通过神经网络来自动学习数据样本的特征，该方法的关键在于神经网络结构的设计，并利用数据样本驱动网络结构的调优。实验以 WASDN 网络 (Wang audio steganalytic deep network) 为例，它的网络结构如图 A.5 所示。

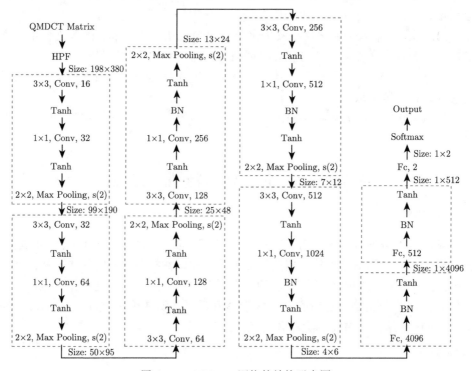

图 A.5　WASDN 网络的结构示意图

【实验步骤】

1) MDI2 特征分析实验

(1) 准备测试样本。分别制备 MP3 和 AAC 音频的阳性样本集和阴性样本集，为了实验操作简便，实验将提供样本数据集，样本的制作方法见数据制备的说明文件。

(2) 提取 QMDCT 系数及数据预处理。在 CMD 命令行中，使用 “**lame__ qmdct.exe** mp3__file__name-**framenum** frame__number-**startind** 0 -**coeffnum**

576 –**decode**"命令提取 MP3 样本的 QMDCT 系数,其中"lame_qmdct.exe"
表示 MP3 系数提取命令,"-framenum"选项表示待提取的 MP3 帧总数,"-
startind"选项表示待提取的 MP3 起始帧序号,"-coeffnum"选项表示提取每个
MP3 帧所包含系数个数,"–decode"选项表示 LAME 执行 MP3 解码过程。使用
"**faad_qmdct.exe -o** wav_file_name aac_file_name"命令提取 AAC 样本的
QMDCT 系数,其中"faad.exe"表示 AAC 系数提取命令,"-o wav_file_name"
选项参数表示 AAC 解码输出的 WAV 音频文件,"aac_file_name"参数表示解
码输入的 AAC 音频文件,同时提取的 QMDCT 系数保存为 wav_file_name.txt
格式文件,也可将提取系数保存为 CSV 数据文件格式等格式化数据,方便支持
MATLAB 软件进行数据处理。

(3) 计算 MDI2 特征。使用 MATLAB 软件执行 feature_extract_batch.m 脚
本,计算 MDI2 特征并将结果以.txt 或.mat 格式保存。

(4) 训练与测试。从数据样本集中随机选取 200 对音频样本作为训练集,40
对音频样本作为测试集,并运行 MATLAB 脚本 run_experiment.m,执行集成分
类器的训练和测试,并记录检测结果。

(5) 重复上述实验步骤 3 次,并计算平均检测正确率。

2) WASDN 网络分析实验

(1) 同本实验算法 1)。

(2) 同本实验算法 1)。

(3) 网络训练与验证。从数据样本集中随机选取 5000 对音频样本作为训练
集,1000 对音频样本作为验证集,运行"**python** main.py train"脚本命令来训
练 WASDN 网络。

(4) 分析测试阶段。从数据样本集中选取 100 对不属于训练集的音频样本作
为测试集,运行"**pyhton** main.py test"脚本命令并加载已训练的模板,计算检
测正确率。

【实验提示】

(1) 提取 QMDCT 系数时可使用命令行或 Python 编写批处理脚本,对同一
文件夹下的音频样本进行批处理操作。

(2) feature_extract_batch.m 脚本的输入参数是 QMDCT 系数矩阵,使用前
需要先将提取数据加载到 MATLAB 工作区 (可使用 qmdct_extraction_batch.m
脚本)。

(3) 由于音频帧后 1/3 的 QMDCT 系数基本是 0 值区,一般嵌入算法不对 0
值区进行嵌入操作,因此在进行隐写分析时可以对 QMDCT 系数进行适当截断。

(4) 实验提供的样本只对前 50 帧进行嵌入操作,所以在进行实验时只需提取

前 50 帧的 QMDCT 系数即可。

(5) 第二个算法实验中网络的训练参数和输入文件路径在 confing.json 配置文件中设置，测试阶段的输入文件路径在 confing_test.json 配置文件中设置。

(6) 训练时的音频样本建议是成对出现的，例如，选择了 cover 中的 wav10s_00001.mp3，则同样需要选择 stego 中的 wav10s_00001.mp3。

A.6 语音隐写分析

【实验目的】

熟悉语音隐写分析的流程，理解针对语音编码的固定码本域、基音延迟域和线性预测系数域的隐写分析基本原理，掌握 Fast-SPP 特征 (fast same pulse positions)、CCN 特征 (codebook correlation network) 和 QCCN 网络 (quantization codeword correlation network) 的隐写分析原理，熟练使用 C/C++、Python 和 MATLAB 等编程语言实现隐写分析算法。

【实验环境】

Windows 7 及以上版本操作系统、CMD 命令行执行环境、MATLAB 2016a 和 Python 3.x 运行环境。

【原理简介】

针对语音编码的三个嵌入域及其隐写算法，分别选择一种经典的分析算法进行实验，它们的基本原理描述如下。

1) 固定码本域隐写分析实验

以 Fast-SPP 特征为例，它是一种基于相同脉冲位置概率的统计分析特征。Fast-SPP 特征的前提假设是 FCB 搜索限制了每个轨道第二个脉冲位置的搜索空间这将改变脉冲位置的统计分布特征。Fast-SPP 特征的计算过程见正文第 5.6.2 小节。

2) 基音延迟域隐写分析实验

以 CCN 特征为例，它是一种基于自适应码本的统计分析特征。CCN 特征的原理是自适应码本隐写算法破坏了自适应码本空间的统计分布特征。CCN 对自适应码字矢量的相关性进行建模，然后用主成分分析 (principal component analysis, PCA) 方法获得更鲁棒的隐写分析特征。它适用于 G.723.1、G.729 和 AMR 等低码率语音编码标准。

以 G.729 编码为例，它的 CCN 特征计算方法见正文第 6.7.1 小节。在训练样本容量一定的前提下，特征维数的增加将使得样本统计特性的估计变得更加困难,从而降低分类器的推广能力或泛化能力,呈现所谓的"过学习"或"过训练"的现象。为了消除冗余,避免出现"过学习"的情况,提高分类器的分类准确度,需要对其进行降维处理。经实验分析,采用 PCA 降维时维度设置为 100 维左右比较合适。

3) 线性预测系数域隐写分析实验

以量化码字相关性网络 (QCCN) 为例,它的有效性是基于 QIM 隐写将改变 LPC 编码中矢量量化码字的相关性特征的假设,QCCN 网络使用转移概率矩阵对 LPC 码矢量的相关性进行建模,并利用主成分分析降维后获得隐写分析特征。它适用于 G.723.1 和 G.729 等低码率语音编码标准。QCCN 分析方法的原理及特征计算见正文第 7.5.1 小节。经实验分析,采用 PCA 降维时维度设置为 300 维左右比较合适。

【实验步骤】

1) 固定码本域分析实验

(1) 准备测试样本。分别制备 AMR 语音的固定码本隐写的阳性样本集和阴性样本集,为了实验操作简便,本实验将提供一些样本数据集。

(2) 提取固定码本编码参数。在 CMD 命令行窗口,执行"**AMR_FCB_ Extract .exe** input output"指令提取 AMR 样本的 LPC 系数,其中"AMR_FCB _Extract.exe"是系数提取命令,"input"参数表示输入 AMR 样本所在的文件夹,"output"参数表示提取 AMR 样本中 LPC 系数的输出文件夹,以.txt 格式保存。

(3) 计算 Fast-SPP 特征。使用 MATLAB 软件运行"feature_extract_batch.m"脚本文件,计算 Fast-SPP 特征并将结果以.txt 或.mat 格式保存。

(4) 训练与测试。从数据样本集中随机选取 1000 对音频样本作为训练集,1000 对音频样本作为测试集,并使用 MATLAB 软件运行"AMR_steganalysis_FCB _Demo.m"脚本,执行 SVM 分类器的训练和测试,并记录检测结果。

2) 基音延迟域分析实验

(1) 准备测试样本。分别制备 G.729a 语音的自适应码本隐写的阳性样本集和阴性样本集,为了实验操作简便,本实验将提供样本数据集。

(2) 提取自适应码本参数及数据预处理。在 CMD 命令行中执行"**python G729a _PD_extract.py** input output" 指令,提取 G.729a 样本的基音延迟参数,其中"G729a_PD_extract.py"表示 G.729a 自适应码本提取命令,"input"参数是输入 G.729a 样本的文件夹,"output"参数是提取参数的输出文件夹,以.txt 格式保存。

(3) 计算 CCN 特征。使用 MATLAB 软件运行"feature_extract_batch.m"

脚本，计算 CCN 特征并将结果以.txt 或.mat 格式保存。

(4) 训练与测试。从数据样本集中随机选取 1000 对音频样本作为训练集，1000 对音频样本作为测试集，并使用 MATLAB 软件运行"G729a_steganalysis_PD-Index_Demo.m"脚本，执行 SVM 分类器的训练和测试，并记录检测结果。

3) 线性预测系数域分析实验

(1) 准备测试样本。同本实验算法 2)。

(2) 提取线性预测系数及数据预处理。在 CMD 命令行中执行"**G729a_LPC_extract.exe** input output"指令，提取 G.729 样本的线性预测系数，其中"G729a_LPC_extract.exe"表示 G.729 系数提取命令，"input"参数是 G.729 样本所在的文件夹，"output"参数是 G.729 样本提取参数的输出文件夹，以.txt 格式保存。

(3) 计算 QCCN 特征。使用 MATLAB 软件运行"feature_extract_batch.m"脚本，计算 QCCN 特征并将结果以.txt 或.mat 格式保存。

(4) 训练与测试。从数据样本集中随机选取 1000 对音频样本作为训练集，1000 对音频样本作为测试集，并在 MATLAB 软件运行"G729_steganalysis_LPC_Demo.m"脚本，执行 SVM 分类器的训练和测试，并记录检测结果。

【实验提示】

(1) 在训练与测试阶段，可以使用交叉验证的方法来分析隐写方法的有效性。

(2) 观察特征降维前后检测效果、计算开销和特征维度等变化。

名 词 索 引